KB240438

지은이
하유라

누적 방문자가 천만 명에 이르는 네이버 블로그 〈유독스토리 셀프인테리어·리폼·DIY〉를 운영 중인 DIY·인테리어 '끝판왕'. 관련 전공을 배워본 적도, 일도 해본 적 없지만 아이가 태어나면서 이사한 낡은 집을 새롭게 하나씩 직접 고치는 데 흥미를 느껴 이것을 계기로 네이버 가구·인테리어 분야 파워 블로거가 되었다. 또 tvN 〈내 방의 품격〉 프로그램에 출연해 화제를 모으기도 했다. 지금은 홈앤톤즈 멘토와 페인트 강사 활동을 활발히 하는 중이다.

시중 판매하는 것 부럽지 않은 가구, 엄마표 친환경 장난감 등 못 만드는 것이 없다고 할 정도로 뛰어난 솜씨를 자랑하는 그녀의 집은 모두 하나하나 직접 만든 것들로만 이루어져 있다. 셀프 인테리어를 통해 새로운 인생의 전환기를 맞이한 지금도 여전히 인테리어 시공과 집에 꼭 맞는 가구를 손수 만드는 즐거움으로 생활하고 있다.

유독스토리의

"타 오르는"

셀프

인테리어

유독스토리의 "타오르는" 셀프 인테리어

지은이 **하유라**

이덴슬리벨

남편이 벌어다 주는 월급으로 소박한 생활을 하던 우리 가족은 아이가 기어 다니기 시작할 무렵 작은 신혼집을 벗어나 조금 더 넓은 공간으로 이사하게 되었어요. 급하게 마련한 보금자리는 30년 된 낡은 다세대 건물이었고 한창 기어 다니는 아이에게 위험한 요소가 곳곳에 자리했답니다. 특히 중문이 없는 좁은 현관 바닥에서 아이가 신발을 갖고 노는 모습을 보고 작은 중문을 하나 만들어야겠다는 생각이 들었어요. 중문이 안 된다면 울타리 문이라도 넣겠다는 생각으로 인터넷 검색을 하다 목공 DIY와 네이버 인테리어 블로그를 보게 되었고 이것이 제 인생의 전환점인 '목공 DIY'를 시작하게 된 계기가 되었답니다. 당시에는 모유 수유 중이라 공방에 가서 목공을 자세히 배울 수 없었기 때문에 인터넷이 큰 도움이 되었죠.

그리고 아이가 세 살이 되던 해, 폐렴으로 아이가 병원에 입원을 하게 되면서 안방에 곰팡이가 있다는 사실을 알게 되었습니다. 곰팡이와의 사투는 본격적인 '셀프 인테리어'의 시작점이 되었어요. 곰팡이 제거는 블로그를 통해 약 6만 원이라는 저렴한 비용으로 시공할 수 있었고 이 일이 알려져 운 좋게 삼화페인트 리빙 작가로 활동하는 행운도 얻었답니다. 낡은 집도 제 손을 거쳐 점차 새로운 모습으로 달라져 갔고요.

시간이 지나 우리 식구는 또 한 번 이사를 했어요. 이전처럼 낡은 전셋집이고 지금도 살고 있는 곳이에요. 비록 낡았지만 시세보다 저렴하고 넓은 옥상을 제 작업실이자 가족의 놀이 공간으로 사용할 수 있다는 큰 장점까지 가진 이 집을 도저히 그냥 지나칠 수 없었지요. 이사 후 원래 이쪽으로 아는 바 없던 남편도 이번의 낡은 집 셀프 인테리어 시공에는 적극 동참해 주어서 지금의 집은 남편과 제가 손수 만든 공간으로

대 변신했답니다. 게다가 이 집을 열심히 고친 덕분에 다양한 TV 프로그램에도 출연할 수 있었어요. 2016년 tvN 〈내방의 품격〉 프로그램에 출연하게 되면서 저희 집은 더욱 알려졌지요.

인생의 터닝포인트를 맞이한 지금, 가만 돌이켜보면 그저 평범한 주부로 살아갔을 제가 뒤늦게 발견한 적성을 꾸준히 취미로 이어나간 덕에 새로운 인생을 살게 된 것 같습니다. 낡은 집 셀프 인테리어는 아마 앞으로도, 아주 오랫동안 제 취미생활이 될 것 같아요.

마지막으로 제 곁에 있는 많은 분들께 감사하다는 말을 꼭 전하고 싶어요. 혹시나 시부모님이 싫어하는 일을 하고 있을까 봐 늘 나를 걱정하는 언니와 반대는커녕 TV에 나오는 며느리의 모습을 항상 자랑스럽게 여겨주시는 시부모님, 그리고 한결같이 옆에서 든든한 지원군이 되어주는 남편, 제게 새로운 DIY 아이디어를 제공해주는 아들에게 고맙다는 말을 하고 싶어요. 또 블로그를 통해 늘 응원해주시는 수많은 이웃님들, 여러분 덕분에 지금의 유독스토리가 있을 수 있었어요. 끝으로 제 이름의 책이 나올 수 있게 도와주신 이덴슬리벨의 전무님과 윤주 씨, 디자이너에게 감사의 인사를 전합니다.

유독스토리 하유라

CONTENTS

INTRO

02
KITCHEN

목재 조립하기

과자
수납함
106

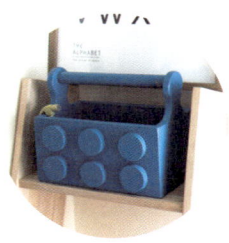

HOME INTERIOR

인트로

INTRO

목재 소품, 가구 만들기 초보자를 위한 기본적인 내용을 설명했습니다. 기본적으로 준비해야 할 도구, 사용법, 목재에 대한 설명, 그리고 목재 사이즈를 결정하고 주문하는 방법까지 누구나 알기 쉽게 설명해 두었으니 이 부분은 꼭 자세히 읽어보고 시작하세요!

어서 오세요.
유독의 집을 소개합니다.

Welcome to Yuda's house

우리 세 가족이 이야기를 나누고
TV도 보는 거실이에요.
벽, 천장 모두 직접 페인트 칠을 했답니다.

목재의 느낌을
좋아하기 때문에
한쪽 벽은 기존 루바벽에
페인트 칠만 한 상태로
두었어요.

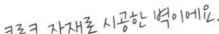
코르크 자재로 시공한 벽이에요.

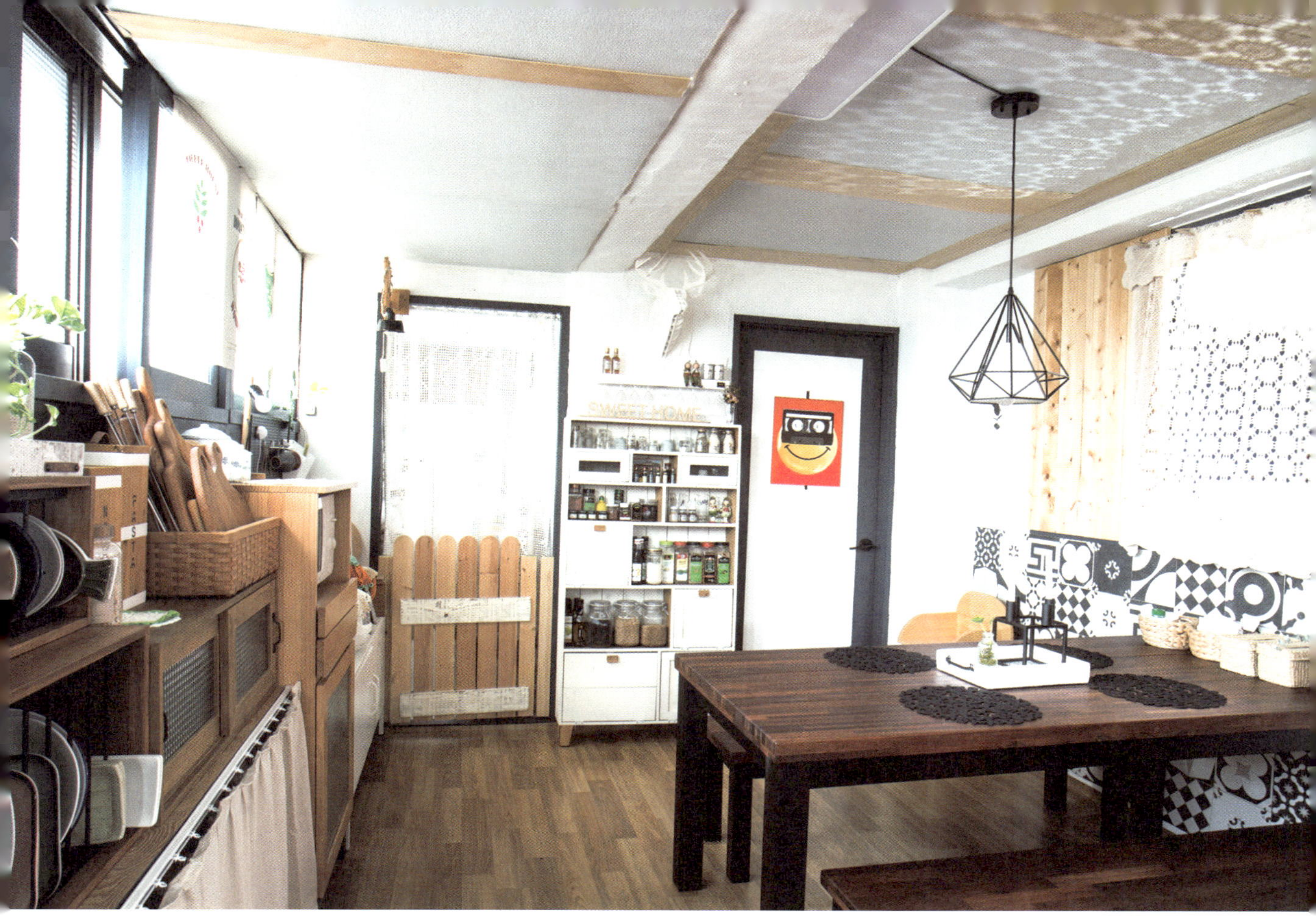

Kitchen

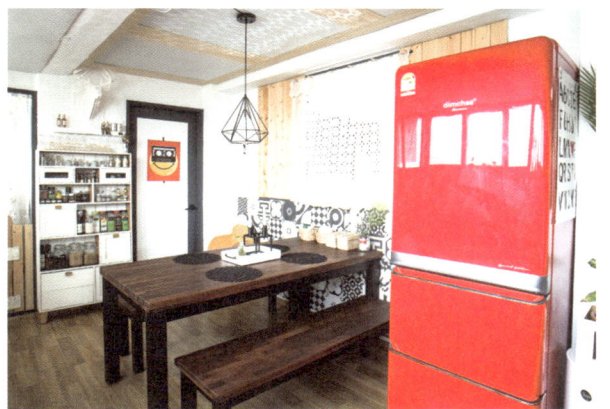

우리 집에서 원목 느낌이 가장 잘 드러나는 주방입니다.

개수대, 보조 조리대까지 모두 제가 직접 만든 싱크대예요.

짙은 파란색의 벽이
돋보이는 침실이에요.
침실은 숙면을 위한
공간으로 다른 가구나 소품은
많이 들여 놓지 않았답니다.

아들 주호의 꿈이 자라는 공간!
아이가 좋아하는 장난감으로 꾸며주었어요.

거실, 주방과는 또 다른 느낌이죠?
평범하고 낡은 욕실을 빈티지한
인더스트리얼 스타일로 개조했답니다.

Bath room

기본 도구와 제품 안내

【 기본 공구 】

1 자
길이를 표시할 때 사용하는 기본 공구.

2 쥐꼬리톱
목재를 절단할 때 사용하는 공구.

3 목공본드
목재를 연결할 때 사용하는 필수 공구.

4, 4-1 전기타카, 손타카
목재를 연결할 때 사용하는 공구.

5 직소기
목재를 절단할 때 사용하는 공구.

6 드릴
목재나 금속판에 구멍을 뚫는 공구.

7 실리콘
실내 인테리어를 할 때 유리나 아크릴 등의 틈새를
메우기 위해 사용하는 공구.

8 클램프
목재를 재단하거나 조립할 때 움직이지 않게 고정
하는 용도로 사용하는 공구.

9 망치
나사못, 목재 등을 조립할 때 사용하는 공구.

10 메꿈이
목재를 조립하고 남는 못 자국 등을 가려줄 때 사용
하는 공구.

11 전동 샌딩기
목재의 표면을 매끄럽고 고르게 가공해주는 전동식
공구.

12 사포
목재의 표면을 매끄럽고 고르게 가공해주는 천이나
종이.

【 페 인 팅 공 구 】

1,1-1 마스킹테이프, 커버링테이프
실리콘이나 페인트를 깔끔히 바를 수 있도록 도와
주는 보양 제품.

2 페인트
가구 혹은 벽 위에 색을 더하기 위해 바르는 제품.

3 롤러와 트레이
트레이에는 페인트 등을 옮겨 담고 롤러는 벽지나
큰 가구에 페인트를 칠할 때 주로 사용하는 도구.

4 젯소
페인트를 칠하기 전 페인트와 목재 사이의 접착면
역할을 하는 제품.

5 스테인
목재 내부 깊이 침투해 목재의 내구성을 향상시켜
주는 제품.

6 바니시
목재나 가구의 표면 코팅용 제품.

7 브러시
좁고 가느다란 창살부터 넓은 벽면까지 페인트 등
을 바를 수 있는 도구.

【 타 일 공 구 】

8 타일 줄눈용 시멘트
타일을 부착한 후 타일과 타일 사이의 줄눈에 시공
하는 제품.

*1포에 물 500~600cc가량을 첨가해 사용한다. 치약 농도로 개어 사
용하고, 물을 섞은 제품은 1시간 이내 사용해야 한다.

9 타일
벽, 바닥 등에 붙여 장식하는 데 쓰는 제품.

10 타일 커터기
타일을 원하는 사이즈로 자를 때 사용하는 공구.

11 세라픽스(타일접착제)
타일을 벽, 바닥 등에 붙여주는 타일 전용 접착제.

WOOD VARNISH

ENRICH

트레이

FLOORING ADHESIVE

SSANGKOM

PC-6500

초보자를 위한 기본 도구 사용법

● 목재를 절단할 때

직소기

목재를 절단할 때는 주로 직소기를 쓴다. 직소기는 날을 끼워 사용하는데 날은 직선날과 곡선날이 있으므로 필요에 따라 교체해 쓰면 된다. 단 날이 날카롭기 때문에 교체할 때는 특히 안전에 유의한다. 목재를 절단할 때도 파편이 생길 수 있으므로 반드시 보호 안경과 목장갑을 착용하도록 한다. 목재를 자를 때는 톱밥이 나오니 신문지 등을 바닥에 깔고 작업하면 좋다.

직소기로 목재에 구멍을 낼 수도 있다. 대신 직소기로 자르기 전에 홀쏘 혹은 보링 비트로 작은 구멍을 2개 정도 내주고 이 구멍에 직소기 날을 끼워 자르면 편하다.

구멍 내기

톱(목다보톱, 쥐꼬리톱)

목다보톱은 목다보(가구에 선반을 고정시킬 때나 나사못 머리를 가리기 위해 사용하는 나무못)나 목심을 깔끔하게 절단할 때 주로 사용하며 톱의 날이 얇고 탄성이 좋은 편이다. 쥐꼬리톱은 좁은 공간에서 사용하기 편리하다.

목다보톱으로 튀어나온 목다보를 잘라줍니다.

✎ 목재에 구멍을 낼 때

드릴

드릴은 비트(드릴날)를 끼워 사용하는데 목재가구를 만들 때는 주로 전동 드릴을 쓴다. 이 책에서는 주로 전동 드릴에 이중 비트를 장착해 목재에 구멍을 낸 다음(나사못 구멍) 나사못을 끼워 소품이나 가구를 만든다. 콘크리트처럼 단단한 벽에 시공할 때는 해머드릴을 사용하면 된다.

【 드릴에 끼워 쓰는 비트의 종류 】

– 이중 비트

목재에 나사못이 들어갈 구멍을 내기 위해 드릴에 장착해 사용하는 비트. 이중으로 된 날을 결합해 사용하면 나사못이 들어갈 길을 내주며, 무엇보다 나사못 머리가 밖으로 나오지 않게 목재 속으로 들어갈 공간까지 내준다.

– 홀쏘 비트

목재에 구멍을 내고 싶을 때 드릴에 장착해 사용하는 비트. 목재를 동그랗게 따낼 수 있으며 비교적 큰 크기의 구멍을 만들 때 사용한다.

홀쏘

– 보링 비트

홀쏘와 마찬가지로 목재에 구멍을 내고 싶을 때 드릴에 장착해 사용하는 비트. 단 보링 비트는 홀쏘 비트로 낼 수 있는 구멍보다 더 작은 홈을 팔 때 사용한다. 목재를 갈아내며 홈을 만든다.

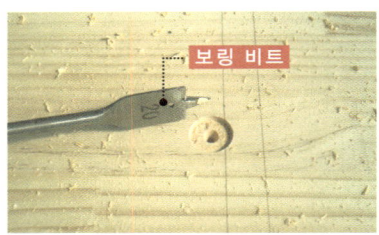

보링 비트

– 루터 비트

목재의 모서리를 깎거나 긴 홈을 내고 싶을 때 드릴에 장착해 사용하는 비트.

목재를 연결할 때

목공본드

목재를 붙일 때는 기본적으로 목공본드를 쓴다. 목공본드를 바른 다음에 나사못으로 목재를 연결해준다. 목공본드는 본드 중에서도 접착 시간이 빠르고 접착력이 강한 친환경 제품을 사용하는 것이 좋다.

타카(전기타카, 손타카)

심을 장착해서 쓰는 타카는 '공업용 스테이플러'라고 이해하면 된다. 타카는 에어타카와 전기타카가 있는데 에어타카는 에어 컴프레서(공기 압축기)가 있어야 사용할 수 있고 소음이 발생해 일반 가정집에서 사용하기 쉽지 않다. 타카 심만 있으면 바로 쓸 수 있는 전기타카가 가정에서 사용하기 좋다. 심은 일자형, ㄷ자형으로 크게 두 종류가 있고 굵기나 길이가 다양한 편이라 필요한 것으로 맞춰 구입하면 된다. 손타카(건타카)는 주로 합판을 쓰는 가구의 뒤판을 고정할 때 사용한다. 손의 악력을 이용해 쓸 수 있기 때문에 사용은 전기타카보다 간편하나 심이 목재에 깊이 박히지 않는다는 단점이 있다.

목재에 천을 연결할 때도 쓸 수 있어요.

손타카

전기타카

클램프

클램프는 목재를 재단하거나 자를 때 움직이지 않도록 잡아주기 때문에 작업이 한결 편하게 해준다. 목재를 목공본드 등으로 연결하고 본드가 마를 때까지 단단히 고정해주기 위해 사용하기도 한다. 클램프는 스프링 클램프, C형 클램프 등 한 손으로 잡을 수 있는 작은 사이즈에서부터 5m 내외의 사이즈까지 다양하니 작업 시 원하는 사이즈를 골라 사용할 수 있다.

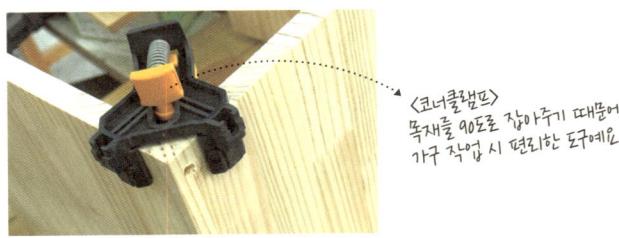

〈코너클램프〉
목재를 90도로 잡아주기 때문에
가구 작업 시 편리한 도구예요.

목재를 다듬을 때

샌딩기

목재의 거친 면을 부드럽게 다듬어주기 위해 샌딩기를 사용한다. 조립하기 전 상태의 목재를 샌딩하기도 하고, 조립한 후 거친 모서리나 페인트를 칠하기 전에 샌딩해주기도 한다. 손으로 직접 사포질을 해도 되지만 제법 큰 가구는 전기를 이용한 전동 샌딩기를 사용하는 것이 좋다. 플라스틱 샌딩기는 전기를 필요로 하지 않으며 양쪽의 집게에 사포를 고정하고 사용하면 된다. 샌딩기도 작업할 때 먼지 등이 많이 발생하기 때문에 꼭 보호 안경과 마스크를 착용하고 사용하도록 한다.

사포

사포에는 종이 사포와 천 사포가 있다. 만들고자 하는 제품의 종류와 용도에 따라 천 혹은 종이 사포를 선택해 사용한다. 주로 60~1,000방 사포를 일반적으로 사용하며 숫자가 클수록 사포의 질감이 곱다. 사포질을 할 때는 나뭇결 방향을 따라 다듬어준다.

600방 사포

메꿈이

목재 혹은 벽에 못 자국이나 흠이 나 있을 때는 메꿈이로 메워준다. 메꿈이는 나이프나 손을 이용해 바르고 마를 때까지 기다린 마른 다음 사포로 문질러 정리해준다. 메꿈이를 바른 곳 위에는 페인팅이나 도배도 가능하다.

● 페인트를 칠할 때

페인트

페인트의 종류에는 벽지 전용과 방문, 가구, 리폼용, 하이테크 내부용 등이 있으며 긴 막대기나 페인트 스틱 등으로 충분히 저어준 다음 사용하고 조색 또한 가능하다. 페인트를 바를 때 넓은 면은 롤러로, 좁은 면은 브러시로 작업하면 편리하다.

스테인

스테인은 목재에만 바를 수 있으며 이를 보호하는 역할을 한다. 나무 고유의 무늬를 살려주며 내광성 및 발수성과 방부, 방충 효과가 있다. 직접 만든 가구나 소품을 스테인으로 마감하면 나무의 결이 더욱 돋보인다.

젯소

젯소는 페인트를 칠하기 전에 바르며 페인트와 목재 사이의 접착면 역할을 해 페인트의 색상이 잘 올라올 수 있도록 도와준다. 제품 중에서도 특히 뛰어난 접착력을 자랑하는 울트라 젯소는 소품, 가구와 같은 목재 및 철, 플라스틱 등에 사용하는 실내 전용 다목적 프라이머이다.

바니시

바니시는 페인트를 칠한 목재에 발라 표면에 투명한 막을 형성하여 목재를 보호하도록 한다. 목재 고유의 질감을 향상시키고 외부의 수분 침투 등을 차단해준다. 종류로는 유광, 반광, 무광이 있다.

롤러와 브러시, 트레이

페인트, 스테인 등을 바르는 도구인 롤러와 브러시는 사이즈가 다양하기 때문에 적합한 사이즈를 골라 선택할 수 있다. 트레이는 비닐을 씌워 사용할 경우 재사용이 가능하다. 사용 후에는 반드시 바로 세척하도록 한다.

마스킹테이프, 커버링테이프

마스킹테이프는 실리콘이나 페인트를 깔끔히 바르는 데 도움을 주는 도구이다. 페인트를 바를 때 경계를 나눌 곳이나 페인트가 묻지 말아야 할 곳에 붙여 사용하며 롤러나 브러시로 작업하기 어려운 얇은 라인을 그릴 때 특히 편리하다. 커버링테이프는 비닐 끝에 테이프가 붙어 있어 비닐을 펴고 붙이면 벽 혹은 가구에 페인트가 튀지 않게 해준다.

【 기본 페인트 작업 순서 】

STEP 1	STEP 2	STEP 3
프라이머 작업	페인팅 작업	마무리 작업
젯소	⋯⋯▶ 페인트	⋯⋯▶ 바니시

젯소를 바르기 전에 샌딩을 하면 색이 더 잘 올라와요. 바니시나 시트지, 유성페인트를 사용한 가구라면 반드시 젯소를 미리 칠해야 합니다. 수성페인트를 칠한 가구라면 젯소를 생략해도 돼요(단 색이 진할 때는 젯소를 쓰는게 좋아요).

목재나 벽, 바닥 등의 겉면에 선명한 컬러를 더해주고 싶다면 페인트를 사용해요.

*스테인 : 스테인은 아무 것도 칠하지 않은 목재에만 바를 수 있답니다. 나무 고유의 느낌을 살리고 싶다면 스테인을 사용해요

요즘은 페인트 자체의 성능이 뛰어나 바니시를 꼭 칠해주지 않아도 돼요. 하지만 물이 자주 닿는 곳에 둘 소품이라면 바니시를 꼭 칠하는 게 좋습니다.

목재 알아두기

목재는 나무 자체의 특성에 따라 소프트 우드와 하드 우드로 나뉘는데 소프트 우드는 이름처럼 부드러운 특성을 가진 나무, 하드 우드는 단단한 특성을 가진 나무를 말한다. 이 나무들은 다시 가공하는 방법에 따라 집성목과 제재목으로 나뉜다. 집성목은 나무가 작아서 한번에 넓은 너비의 목재를 얻을 수 없는 경우로, 목재를 일정한 사이즈로 잘라 이어 붙여서 만든 것이다. 제재목은 나무를 널빤지 형태로 가공해 만든 것을 말한다. 참고로 목재 이름 뒤에 붙는 숫자와 영문 t는 목재의 두께(단위 : mm)를 의미한다. 예를 들어 15t는 두께 15mm의 삼나무 목재이다.

● 소프트 우드

삼나무

전체적으로 갈색을 띠고 옹이가 많으며 편백나무와 더불어 피톤치드 함유량이 많은 나무이다. 합판을 제외한 DIY용 목재 중 가격이 가장 저렴하고 무게가 가벼워 널리 쓰인다. 하지만 강도가 약하고 재질도 무른 편이라 내장재나 소품, 소가구에 주로 많이 사용된다.

스프러스

손톱처럼 작은 옹이가 많고 전체적인 톤이 밝은 것이 특징이다. 삼나무에 비해 무게는 약간 무거우나 재질은 무른 편으로 가공 작업을 쉽게 할 수 있다. '가문비나무'라고도 불리는 이 스프러스는 투명 도료로 마감해도 깔끔하고 스테인 발색도 우수하다. 스프러스 역시 크기가 크지 않은 소가구 등에 사용된다.

레드파인

전체적인 톤은 밝은 편이지만 붉은 빛의 나뭇결과 자연스러운 옹이가 특징이다. 유럽이나 러시아 등의 추운 지역에서 생산된 수종으로 나이테가 선명하고 가벼우면서 목질이 단단해 흠집이 잘 나지 않고 변형이 적다. 삼나무나 스프러스에 비해 단단한 편으로, 소가구는 물론이고 테이블이나 책장 등에도 사용된다.

뉴송

충격에 강하고 변형이 적어 DIY를 하기 좋은 원목으로 손꼽히며 곧은 나이테가 특징이다. 전체적으로 노란빛을 띠고 있다.

🔹 하드 우드

오크

하드우드의 대표 목재라 불리며 참나무로 만든 목재로 단단하고 무늬가 조밀해 가공 시 매우 아름답다는 특징이 있다. 주로 고급스러운 가구나 소품을 만드는 데 쓰인다.

에쉬

물푸레나무로 만들었으며 나뭇결이 촘촘하고 밝은 색상이 특징이다. 결이 곱고 내구성이 단단해 공방에서 제작하는 가구에 많이 사용되며 주방용 식기나 도마, 원목 싱크대의 상판으로 많이 쓰인다.

합판

자작합판

밝은 미색을 띠고 옅은 나뭇결이 특징이다. 포름알데히드가 방출되지 않는 친환경 자재이다. 절단면이 예뻐 각종 가구와 DIY용으로 많이 쓰이며 스테인을 칠할 경우 은은한 자작나무의 결이 더욱 돋보인다.

오동합판

옹이가 없기 때문에 깔끔한 스타일을 원할 때 쓰기 좋은 합판이다. 가구의 뒤판이나 서랍의 아래판으로 주로 쓰인다.

(사진 출처 : 나무꼴)

도안 그리고 주문하기

기본 공간 박스로 이해하는 도안 그리기

【 **목표** 】 공간 박스 : 300*300mm 사이즈(삼나무 15t)

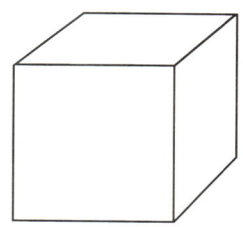

기본 스케치하기

1 만들고자 하는 가구나 소품의 기본 스케치를 그린다.

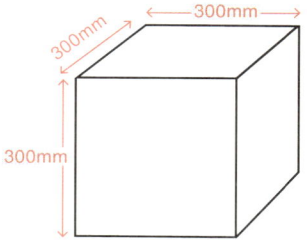

가구 전체 사이즈 정하기

2 가구의 전체 가로와 세로, 폭 사이즈를 정한다.

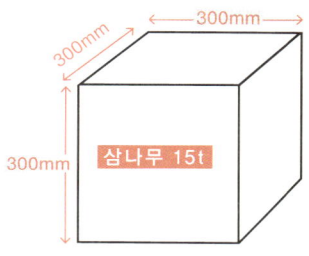

목재 결정하기

3 목재의 종류와 두께를 선택한다.

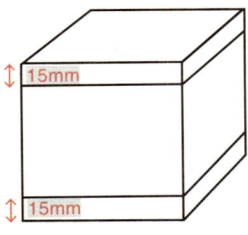

15mm

15mm

- 위, 아래판 300*300 - 2개
- 앞, 뒤판 300*300 - 2개
- 옆판 300*270 - 2개

목재별 사이즈 측정하기

4 가구를 완성하는 목재의 사이즈를 측정하는데, 이때 3에서 정한 목재의 두께에 따라 사이즈가 결정된다. 위, 아래, 앞(앞판이 상자 안에 들어가지 않는 경우), 뒤판은 기본 300*300mm로 가되, 옆판은 위판과 아래판에 두 번 겹쳐지므로 겹치는 부분의 값을 빼야 한다. 목재의 두께가 15mm이고 두 개의 목재가 겹치기 때문에 전체 길이인 300mm에서 두께 15mm의 두 배인 30mm를 뺀 값 270mm를 길이로 정한다.

예) 공간 박스 형태의 세로 길이-(목재 두께*2)=옆판 세로 길이

길이가 300mm이고 15t 목재를 사용했을 때 ▶ 300-(15*2)=270

> 🔍 **유독의 TIP!**
>
> 앞판에 문을 달 경우에는 앞판 목재의 치수가 달라집니다. 이때는 상자 4면의 두께를 모두 뺀 값을 줘야 해요.
> 두께가 15mm이므로 위, 아래판이 겹친 값 15*15mm=30mm를 앞판의 세로 길이에서 빼고 옆판 두 개가 겹친 값 15*15mm=30mm는 앞판의 가로 길이에서 빼줍니다.
> 다시 말해 앞판이 상자 안에 들어갈 때는 가로, 세로 모두 30mm씩 재단한 270*270mm의 사이즈로 준비해줍니다. 그리고 앞판이 문으로 쓰일 때는 위, 아래판과 옆판 2개에 모두 여유 간격 2mm씩 주도록 합니다. 270mm-4mm=266mm, 266*266mm 사이즈로 준비합니다. 목재가 계절에 따라 팽창하거나 수축할 수 있기 때문에 여유 공간은 꼭 주도록 합니다.

목재 주문하기

레드파인 15t　❶ 원하는 수종 고르기

최대규격 :	1200mm x 2400mm	
최소규격 :	30mm x 30mm	
치수입력 :	300　X 300　mm 2　EA　+ -	
치수입력 :	300　X 270　mm 2　EA	
요청사항		

❷ 치수와 개수 입력하기

총 금액 : 15,840원

| 바로구매 | 장바구니 | 관심상품 |

1 원하는 수종과 두께를 고르고 앞에서 스케치한 도안대로 목재를 주문한다.
2 가로 사이즈, 세로 사이즈순으로 목재 치수를 입력한다.

> **유독의 TIP!**
> 네모난 기본 박스를 만들기 위한 목재의 치수를 제대로 알고 나면 다른 가구의 사이즈를 정하는 일은 어렵지 않습니다. 단, 두께에 맞는 사이즈를 정확히 계산하고 항상 메모해두는 것이 목재 주문 시 실수를 줄이는 방법입니다.

일러두기

1. 이 책에서 쓰는 단위는 모두 mm로 통일했습니다.

2. 기본적으로 목재나 소품을 조립하는 데 꼭 필요한 나사못은 넉넉히 준비합니다. 참고로 15t 목재에는 25mm의 나사못을, 18t 이상의 목재에는 30~35mm의 나사못이 쓰입니다.

3. 소품과 가구를 만드는 데 반드시 필요한 공구는 전동 드릴, 이중 비트, 목공본드, 목다보톱, 60~1,000방 사포(혹은 전동 샌딩기), 직소기, 타카 등입니다.

거실

LIVING
ROOM

현관문을 열면 바로 등장하는 곳, 집의 중심이라 할 수 있는 거실이
에요. 이곳의 모든 가구를 다 소개하지 못해 아쉽지만 그중에서도
제가 아끼는 것들로 모아봤어요. 필요한 소품을 놓을 수 있는 이동
식 왜건, 메모나 사진을 붙여 놓을 수 있는 자석 메모 보드 등 인테리
어 소품이자 실용성까지 갖춘 거실 아이템 만들기를 소개할게요.

이동식 빈티지 매거진 박스

goal
목재 재단하기

난이도 ★★☆☆☆

* 가격대 30,000원 내외

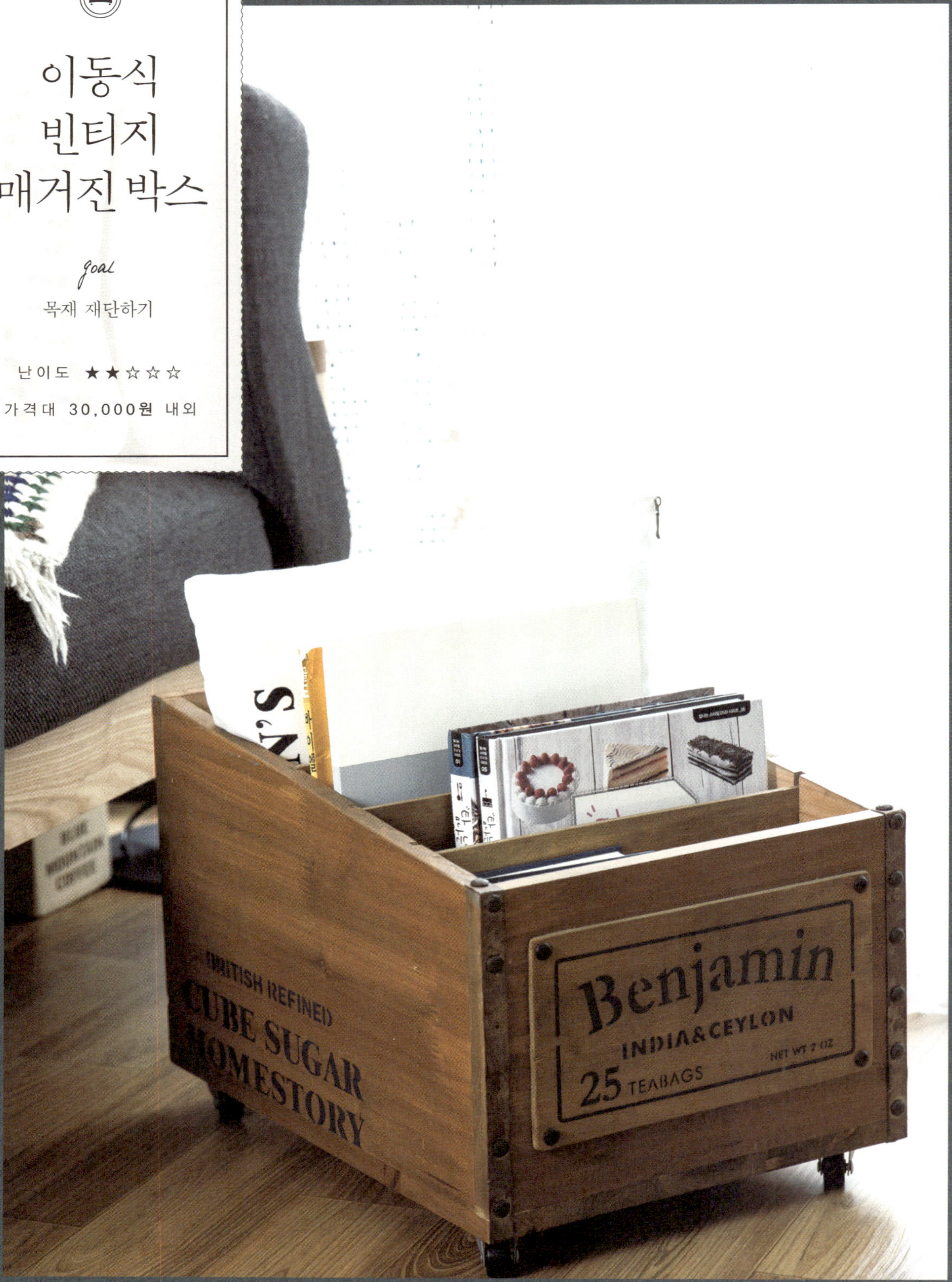

materials

손잡이, 철끈, 비오 18개, 바퀴 4개

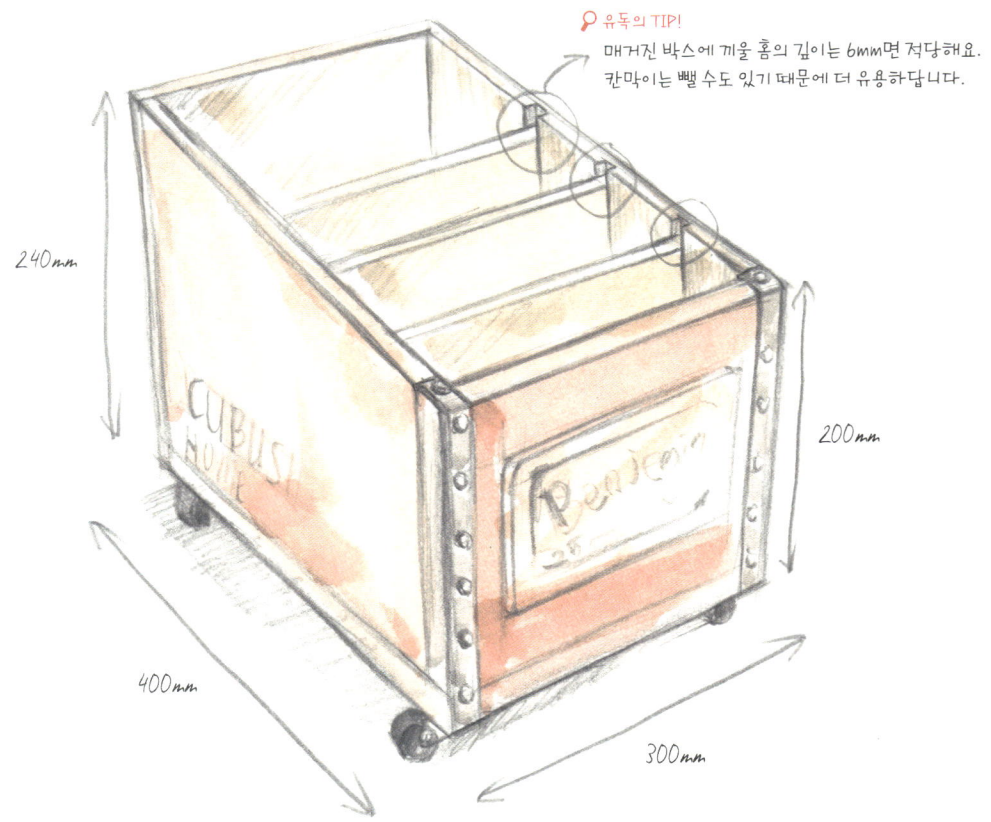

🔍 유독의 TIP!
매거진 박스에 끼울 홈의 깊이는 6mm면 적당해요.
칸막이는 뺄 수도 있기 때문에 더 유용하답니다.

240mm

200mm

400mm

300mm

거실 탁자 위에 항상 놓여 있는 잡지를 보관하기 위해 만든 매거진 박스랍니다.

이 매거진 박스는 바퀴를 달아 이동하기 편리하고

부식된 철끈 등 전체적으로 빈티지한 느낌이 있어 인테리어용으로도 충분히 멋스러워요.

【필요한 목재】

삼나무 15t
① 앞판 200*300 − 1개
② 뒤판 240*300 − 1개
③ 옆판 240*370 − 2개(홈 가공)
④ 아래판 300*400 − 1개

미송합판 6t
① 칸막이 1 205*280 − 1개
② 칸막이 2 210*280 − 1개
③ 칸막이 3 215*280 − 1개

◆ 목재 자르기

직소기로 목재를 잘라줍니다. 직소기는 목재를 절단하는 전동 공구로 톱의 기능을 하지요. 단 사용할 때 소음이 발생한답니다.

옆판
폭 8mm, 깊이 6mm
70mm

1

옆판을 준비한다. 옆판은 각각 70mm 간격으로 폭 8mm, 깊이 6mm의 총 3개의 홈을 낸다. 다만 홈을 내는 작업은 일반 가정집에서 하기 어려우므로 관련 업체에서 홈 가공 서비스를 받는다.

TIP **홈 가공 서비스란?** 목재에 홈을 내주는 작업을 말한다. 주로 미닫이문을 만들 때 이 서비스를 많이 이용하며, 나무꼴, 페인트인포 등의 업체에서 받으면 된다.

40mm

2

사진에 표시한 것과 같이 한쪽 끝에 40mm의 높이를 표시한 다음 반대편을 향해 사선으로 선을 그은 뒤 잘라낸다.

목재 연결하기 1 – 드릴로 이중 비트길 내기

나사못으로 목재를 연결해주기 위해 이중 비트길을 냅니다. 전동 드릴에 이중 비트를 장착해 목재에 비트길(나사못 구멍)을 낸 다음 나사못을 끼워주세요. 비트길을 낼 때는 목재 두께 절반 정도의 깊이를 파서 나사못 머리가 들어갈 수 있도록 해줍니다. 구멍이 너무 깊으면 나사못을 조이는 도중 목재가 쪼개질 수 있으니 주의하세요.

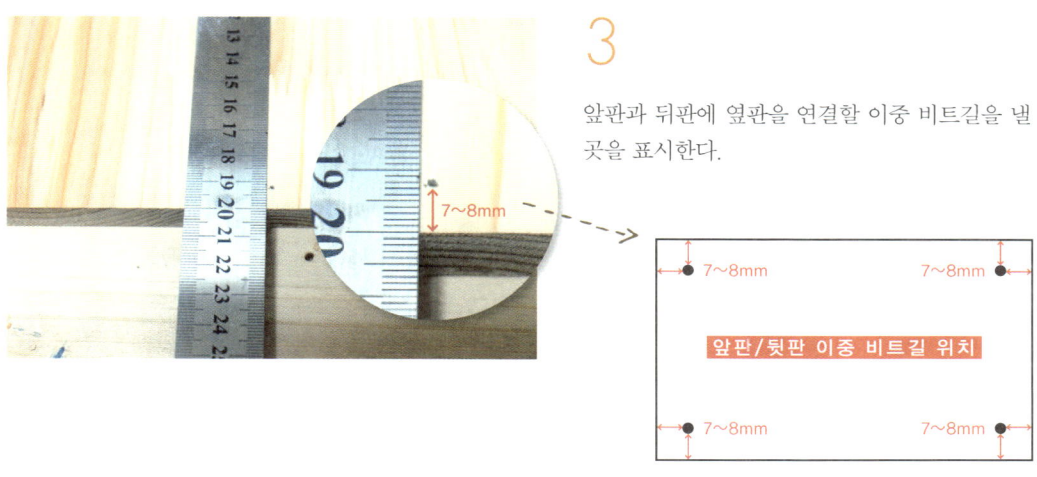

3

앞판과 뒤판에 옆판을 연결할 이중 비트길을 낼 곳을 표시한다.

7~8mm

7~8mm   7~8mm

앞판/뒷판 이중 비트길 위치

7~8mm   7~8mm

4

앞에서 표시한 곳에 드릴로 이중 비트길을 낸다.

목재 연결하기 2 - 목공본드와 타카로 조립하기

목재를 조립하고 연결할 때 쓰는 타카는 일직선으로 쏘는 것이 가장 중요합니다. 비뚤어진 상태로 쏘면 타카 핀이 밖으로 튀어나올 수 있어요. 또 목공본드를 바를 때는 꼭 목재의 가운데에 흘려줍니다. 그래야 본드가 밖으로 새지 않아요. 만약 본드가 새어 나왔다면 물티슈로 닦아주세요.

옆판

옆판

앞판

5

옆판에 목공본드를 바르고 앞판을 올린 후 나사못으로 고정시켜준다.

뒤판도 앞판과 같은 방법으로
연결해줍니다!

 본드 바르기

6

박스의 아랫부분에 목공본드를 발라준다.

7

타카를 이용해 아래판을 고정시켜준다.

TIP 목재를 손쉽게 연결하기 좋은 타카. 목재의 두께에
맞는 타카심을 선택해 전기타카에 장착한 후 목공본
드를 바른 목재어 쏘아준다.

8

앞판과 뒤판의 이중 비트길에 본드를 바르고 목
다보를 끼워준다.

목다보가 단단히 굳어 고정되면
목다보톱을 이용해 잘라주세요.

아래판

9

아래판에는 바퀴를 나사못으로 달아준다.

샌딩하기

샌딩은 목재의 표면을 매끄럽게 만들어주는 작업입니다. 손으로 사포질해도 되지만 제법 넓은 면의 목재는 전동 샌딩기를 사용하는 것이 좋습니다. 가구나 소품을 만드는 데 가장 중요한 과정이 바로 샌딩입니다. 기본 틀이 완성되면 모서리 위주로 샌딩을 하고 1차 페인팅이 끝나고 페인트가 마른 후에는 모서리와 면을 전체적으로 샌딩해줍니다. 특히 목재에 스테인을 사용했을 경우 중간 샌딩 과정을 더 세심히 해주어야 가구의 완성도가 높아집니다.

10

표면을 매끄럽게 하기 위해 600방 사포로 박스를 샌딩해준다.

스테인 칠하기

스테인은 붓 혹은 스펀지에 묻혀 목재에 발라주면 돼요. 스테인은 나무의 결을 그대로 살려주면서 목재를 보호하는 역할을 합니다. 색상도 다양한 편이라 원하는 색의 스테인을 골라 사용하면 돼요.

스테인 소나무색과 로얄자단을
섞어 칠했어요!

11

빈티지한 느낌의 스테인을 골라 박스 표면에 발라준다.

COLOR TIP 아이생각 수성스테인 소나무색. 로얄자단

12

스테인이 마르면 800방 사포를 이용해 샌딩하고 다시 스테인을 칠해준다. 이제 박스의 기본적인 형태가 갖추어졌다.

🖌 스텐실하기

스텐실을 할 때는 스텐실 도안, 붓, 마스킹테이프, 페인트(아크릴물감), 키친타월을 준비합니다. 먼저 스텐실할 곳에 마스킹테이프로 도안을 고정시켜주세요. 페인트는 얇게 펴서 준비하고 붓 끝에 페인트를 살짝 찍어줍니다. 단 키친타월에 붓을 여러 번 찍어 페인트를 많이 닦아내도록 해요. 이후 도안에 페인트를 찍어주는데, 이때도 넓은 면에서부터 좁은 면과 가장자리 순서로 발라주세요.

🔎 유독의 TIP! 스텐실은 3단 찍기! 페인트는 1)붓에 찍고 2)키친타월에 찍고 3)도안에 찍어요. 붓에 페인트를 찍은 후 도안 위에 바로 작업하면 페인트가 100% 번진답니다.

마스킹테이프

13

빈티지한 느낌을 더욱 살려줄 앞판을 꾸밀 차례. 자투리 합판을 준비하고 스텐실을 찍어준다.

14

스텐실이 마르면 매거진 박스와 같은 색상의 스테인을 칠해준다.

15

합판은 목공본드를 바르고 비오를 이용해 매거진 박스에 고정시켜준다.

TIP 비오는 장식용 못.

16

빈티지한 앞판 완성.

박스 마무리하기

17

매거진 박스 앞판의 옆 라인에 빈티지한 철끈을 두르고 비오로 고정시켜준다.

18

칸막이를 준비한다. 칸막이용 목재에도 매거진 박스와 같은 색상의 스테인을 칠하고 사포질을 2회 정도 해준다.

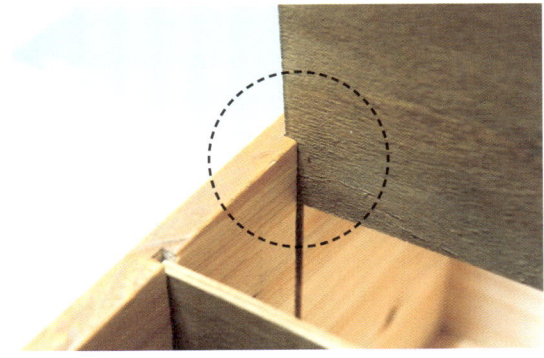

19

칸막이는 매거진 박스의 옆판 홈에 끼운다. 칸 막이 3개 모두 차례로 끼우도록 한다.

20

박스의 뒤판에는 큼직한 손잡이를 달아 이동이
편하도록 만들어준다.

박스의 옆부분에도
스텐실을 찍어 꾸며줍니다.

21

이동이 편리한 빈티지 매거진 박스 완성.

"자주 보는 책이나 잡지를 꽂아두기 딱 좋아요.
실용적이고 멋스러워 거실 어디에건
잘 어울리는 아이템이랍니다."

나무소쿠리
조명

난이도 ★★☆☆☆

가격대 10,000원 내외

materials

바구니, 전선이 달린 소켓, 전구, 훅걸이, 마끈,
전원 코드와 스위치가 달린 전선, 기본 전선
전선의 길이는 바구니 조명을 놓을 곳에 알맞는 정도만 있으면 돼요

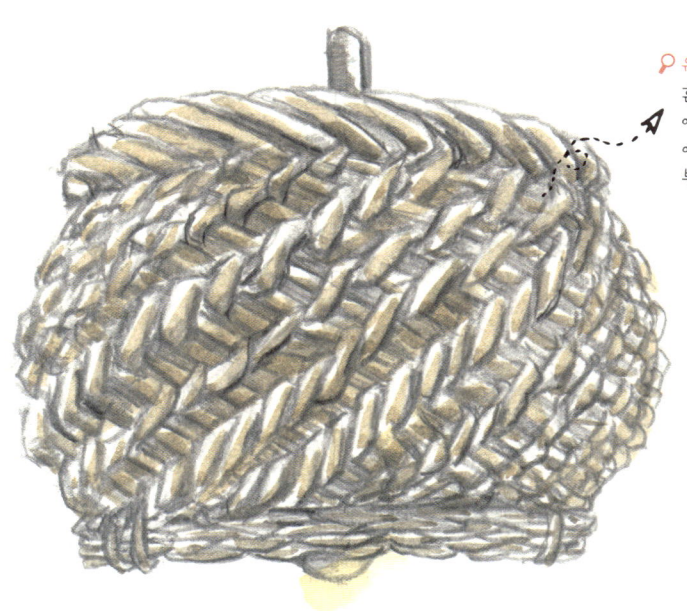

🔍 유독의 TIP!
흔하게 볼 수 있는 이 소쿠리 틈 사
이로 조명 빛이 은은하게 새어나와
아늑한 분위기를 만들어줘요. 거친
부분은 사포로 다듬어주세요.

주워온 소쿠리로 만든 조명이랍니다. 원래는 화분을 넣어두었는데

문득 해외 인테리어 자료에서 본 내추럴한 조명이 생각나 만들었어요.

전선, 소켓 등의 재료만 있으면 누구나 만들 수 있는 착한 가격의 조명입니다.

● 소쿠리 준비하기

1   소쿠리는 깨끗이 씻은 다음 그늘 에서 하루 정도 말린다.

2   소쿠리에 손잡이가 있는 경우에는 펜치를 이용해 제거한다.

3   손잡이가 제거된 부분이 날카롭다 면 사포를 이용해 부드럽게 다듬 는다.

● 소쿠리와 소켓 연결하기

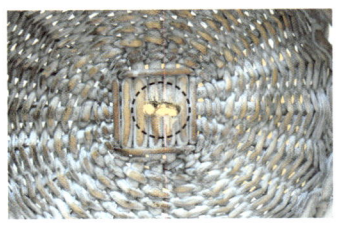

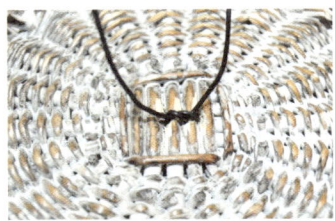

4   소쿠리 바닥에는 드릴을 이용해 전선이 지나갈 만한 크기의 구멍 을 낸다.

5   소켓의 전선을 바구니 안쪽에서 바깥으로 넣어준다.

6   소쿠리 밖으로 나온 소켓의 전선 은 한 번 매듭지어준다.

✎ 소켓과 기본 전선 전원 코드 연결하기

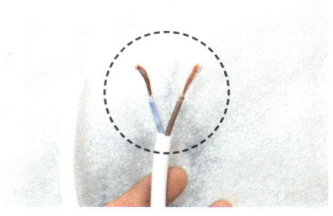

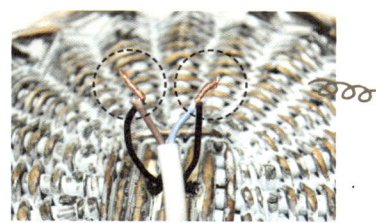

7 여분으로 마련한 기본 전선의 피복을 사진과 같이 벗긴다.

TIP 전선이 잘리지 않도록 가위집을 살짝 내고 피복을 앞으로 당긴다.

8 소켓의 전선과 기본 전선을 각각 한 줄씩 짝지어 꼬아준다.

꼬아준 전선은 절연테이프로
다시 한 번 꼼꼼히 감싸주세요.

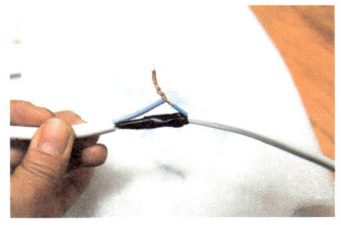

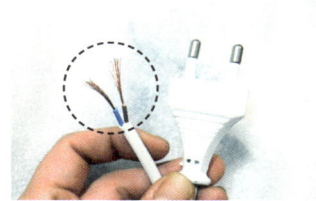

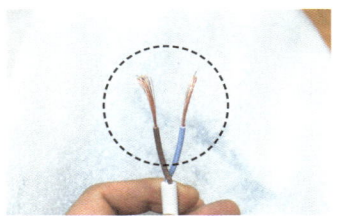

9 이제 두 가닥의 전선을 하나로 모아 절연테이프로 꼼꼼히 감싸준다.

10 전원 코드와 스위치가 달린 전선의 끝부분은 사진과 같이 피복을 벗긴다.

11 7의 기본 전선 나머지 한쪽 끝부분도 피복을 벗긴다.

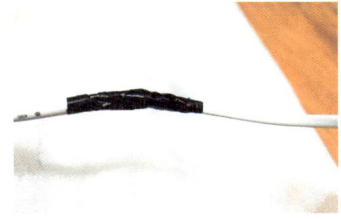

12 10, 11에서 피복을 벗겨낸 전선 끝부분을 각각 한 줄씩 짝지어 꼬아준 다음 마찬가지로 절연테이프로 감싼다.

13 두 가닥의 전선을 하나로 모아 다시 한 번 절연테이프로 꼼꼼히 감싸준다.

14 마끈으로 소쿠리 바닥에 고리를 만든다.

바구니 틈에
끈을 끼워요.

15 소쿠리 옆에 늘어진 전선도 마끈
으로 소쿠리에 고정시켜준다.

TIP
긴 전선은 자칫 지저분해 보일 수 있으니 끈을 이용해 깔끔히 고정시켜준다.
끈은 마끈이 아니어도 되지만 가급적 소쿠리와 비슷한 색상이면 좋다.

✿ 벽에 소쿠리 조명 걸기

16 소쿠리 조명을 놓을 벽에 훅걸이
를 달아준다.

17 훅걸이에 조명을 걸어준다.

18 소쿠리 안쪽의 소켓에 전구를 돌
려서 끼운다.

19 내추럴한 무드를 자아내는 소쿠리
조명 완성.

"소쿠리 조명은 거실에 설치하면
집안 분위기를 따뜻하게 만들어주고,
넓지 않은 작업실이나 부엌 등에 설치하면
그 공간이 더욱 특별해지는 것 같아요."

빈티지
원형 시계

난이도 ★ ★ ★ ☆ ☆

가격대 20,000원 내외

READY

materials

시계 바늘, 시계 무브

🔍 유독의 TIP!
목재 자를 때 주로 쓰는 직소기로 시계
판을 자릅니다. 자를 부분을 잘 보며 천
천히 작업하는데 직소기를 사용할 때
가장 주의할 부분은 날이 완전히 멈춘
다음에 목재에서 직소기를 빼야 한다
는 점이에요. 멈추지 않은 상태에서 떼
어내다 목재가 망가질 수 있어요.

250mm

커다랗고 고풍스러운 분위기의 시계가 갖고 싶어 직접 만든 빈티지 원형 시계예요.

비싼 완제품 대신 제 취향대로 직접 만들었더니

거실의 루바벽(나무벽)과도 참 잘 어울려요.

【 필 요 한 목 재 】

엠보판재 10t
① 125*500 — 4개

삼나무 15t
① 고정용 목재 80*400 — 2개

◈ 시계가 될 기본 원형판 만들기

1 엠보판재 4장을 나란히 배열해 놓는다. 사진은 엠보판재 4장을 모두 나란히 놓은 모습.

2 사진과 같이 엠보판재 위에 고정용 패널을 목공본드로 붙여준다.

3 고정용 패널 위로 무게가 무거운 물체를 올려 패널과 엠보판재가 잘 붙도록 해준다.

TIP 고정용 패널 위에 의자를 올려두었다. 사진 속 물체는 코너클램프인데, 목재를 고정할 때 쓰지만 반드시 필요한 도구는 아니다. 집에 있는 무거운 물체만 놓아도 충분하다.

4 시계가 될 원을 그린다. 판재와 패널이 단단히 붙으면 판재의 중심에 끈을 고정해 원을 그려준다.

TIP 작은 원은 컴퍼스로, 큰 원은 끈을 돌려 그리면 편하다.

곡선날을 끼워 사용해요.

5 그린 원은 직소기를 이용해 잘라
준다.

6 샌딩기로 패널 전체를 매끈하게
샌딩한다.

TIP 목재를 샌딩할 때는 반드시 마스크
를 착용한다.

✿ 페인트 칠하기

7 엠보판재 위에 어두운 색상의 스
테인을 칠한다.

COLOR TIP 아이생각 수성스테인 로얄자단

8 스테인이 건조되면 화이트 크림
톤의 페인트를 칠한다.

COLOR TIP 더클래시 엔리치 2010-R80B

9 페인트가 마르면 샌딩기로 페인트
의 일부를 자연스럽게 벗겨내 빈
티지한 느낌을 준다.

✿ 시계 만들기

10 손글씨로 시계 모양을 그린다.

고무 링, 육각 링

시계 무브

11 시계 바늘과 무브를 준비한다.

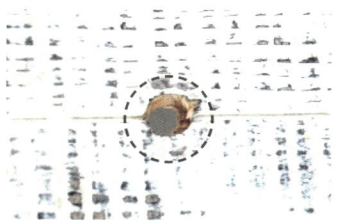

12 시계판 정중앙에 무브의 중앙이 끼
워질 구멍을 드릴로 뚫는다.

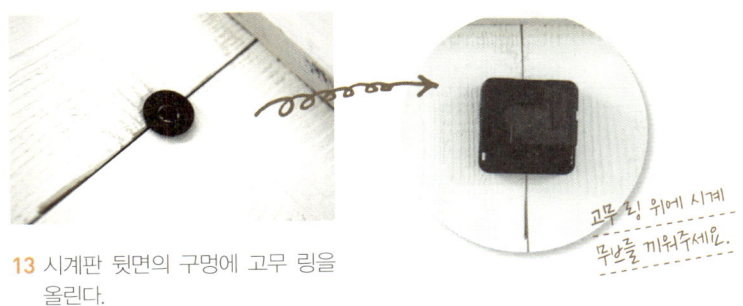

고무 링 위에 시계
무브를 끼워주세요.

13 시계판 뒷면의 구멍에 고무 링을
올린다.

고무 링, 육각 링

14 이제 시계 침을 끼우기 위해 시계
판 앞면에 고무 링을 끼우고 그 위
로 육각 링을 끼워 맞춘 다음 뒷면
의 무브를 돌려 고정시킨다.

15 무브에 시, 분, 초침을 순서대로 끼
운다.

16 빈티지 느낌의 원형 시계 완성.

ECO

앤티크 박스 시계
materials 종이 상자, 크랙페인트

Sunshine of late
afternoon..

GENTLEMAN'S
HEART

Bonjour!

ALWAYS A GENTLEMAN

인더스트리얼 벽시계
materials 오래된 쟁반, 부식용 페인트

이동식 왜건

난이도 ★ ★ ★ ☆ ☆

가격대 60,000원 내외

materials

수건 걸이, 360도 회전 바퀴 4개, 버섯다보 16개

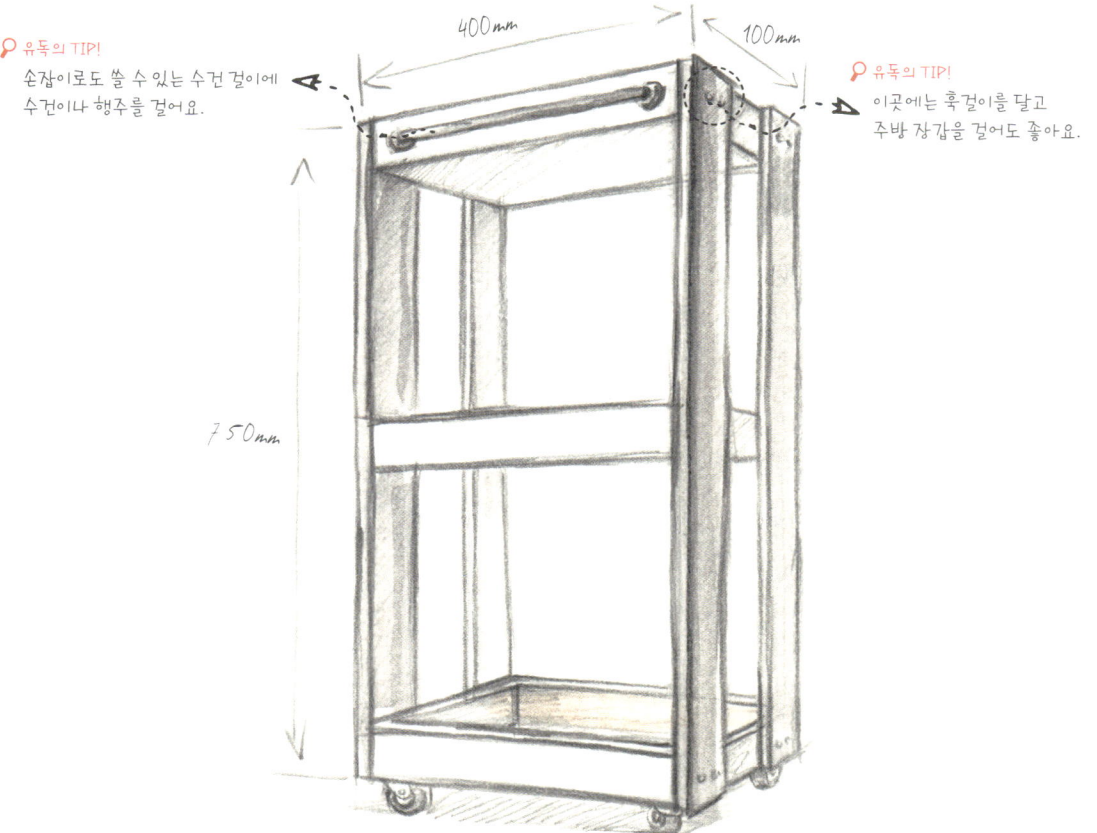

유독의 TIP!
손잡이로도 쓸 수 있는 수건 걸이에
수건이나 행주를 걸어요.

유독의 TIP!
이곳에는 훅걸이를 달고
주방 장갑을 걸어도 좋아요.

400mm

100mm

750mm

집안 곳곳에서 실용적으로 사용할 수 있는 왜건이에요.

목재로 만든 이동식 왜건은 주방에서 식사를 준비할 때는 물론이고,

집안 곳곳에서 협탁이나 수납용으로 사용하기도 좋답니다.

【필요한 목재】

삼나무 15t
① 앞, 뒤판 50*450 - 6개
② 옆판 50*320 - 6개
③ 지지대 100*750 - 4개

삼나무 12t
① 아래판 350*450 - 3개

✿ 트레이 만들기

1 앞판을 아래판 위에 타카로 조립한다. 그다음 옆판을 연결한다.

2 나머지 옆판도 사진과 같이 연결해준다.

3 뒤판도 연결한다.

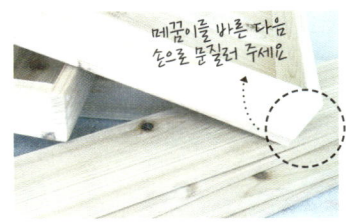

메꿈이를 바른 다음 손으로 문질러 주세요

4 앞과 같은 방법으로 세 개의 트레이를 만들고 메꿈이로 타카 자국을 메워준다.

5 트레이 안쪽에 스테인을 칠한다.
COLOR TIP 아이생각 수성스테인 소나무색

6 트레이 바깥쪽에는 원하는 컬러로 페인트를 칠한다. 왜건의 트레이 부분 완성.
COLOR TIP 더클래시 엔리치 2010-R80B

▲ 트레이와 지지대 연결하기

7 지지대를 준비하고. 여기에도 페인트를 칠한다.

COLOR TIP 더클래시 엔리치 S-900N

8 사진과 같이 지지대에 양 끝 이중 비트길을 낸 다음. 세워 놓은 트레이 위에 올린다.

9 지지대의 양 끝에 맞춰 트레이 두 개를 연결하고, 나머지 트레이 한 개는 정중앙에 놓고 연결한다.

10 이중 비트길에는 목공본드를 바르고 나서 버섯 다보를 끼운다.

11 가장 상단에 위치한 트레이 앞에 수건 걸이를 목공본드로 부착한다.

12 이동식 왜건으로 사용할 수 있도록 아랫부분에 360도 회전형 바퀴를 나사못으로 달아준다.

13 집안 어디에 두어도 잘 어울리는 이동식 왜건 완성.

LIVING ROOM 4

자석
메모보드

난이도 ★★☆☆☆

가격대 20,000원 내외

ECO HOUSE

materials

안 쓰는 가방 끈, 비오 8∼10개, 마그네톤 페인트

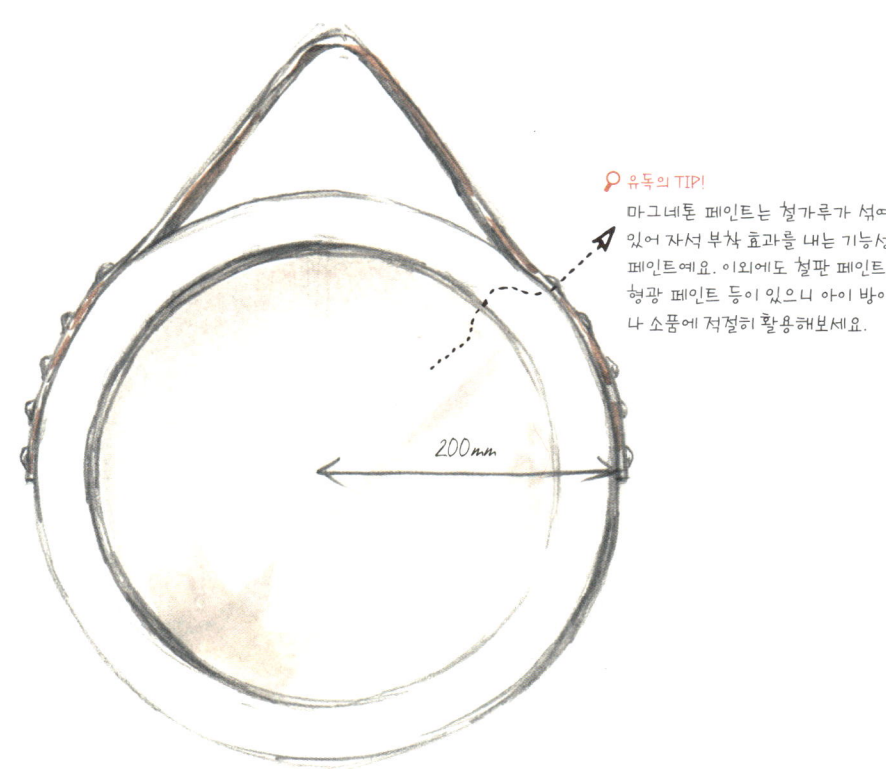

♀ 유독의 TIP!

마그네톤 페인트는 철가루가 섞여 있어 자석 부착 효과를 내는 기능성 페인트예요. 이외에도 철판 페인트, 형광 페인트 등이 있으니 아이 방이나 소품에 적절히 활용해보세요.

200mm

자석 기능을 가진 메모보드예요.

거실이 아니어도 주방, 현관에 두면 편리한 소품이 된답니다.

아이 준비물, 장 볼 것 등을 적어 메모보드에 붙여보세요.

【필요한 목재】

자작나무 합판 9t
① 보드(지름 400) 1개

자작나무 합판 6t
① 틀 – 안쪽 지름 340
　　(폭 30) – 1개

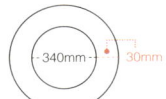

✎ 자석 메모보드 만들기

1 보드와 틀을 800방 사포로 사포
질한다.

2 보드에 마그네톤 페인트로 칠한
다. 마그네톤 페인트는 자석 부착
효과를 주는 기능성 페인트이다.

COLOR TIP 아이럭스 마그네톤 페인트

TIP 마그네톤 페인트가 얇게 발리면 자
력이 약해질 수 있으니 페인팅을 3회
정도로 충분히 해준다.

3 800방 사포로 표면을 사포질해주
고 다시 한 번 페인트를 칠하는 작
업을 3회가량 한다.

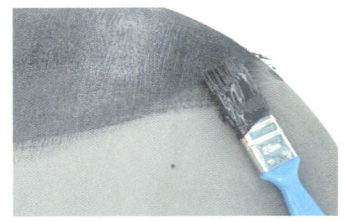

4 마그네톤 페인트가 건조되면 한
번 더 페인트를 칠한다.

COLOR TIP 더클래시 엔리치 9000N

5 틀 앞면에도 원하는 컬러로 페인트를 칠한다.

COLOR TIP 더클래시 엔리치 0505Y

6 틀 뒷면에 목공본드를 바르고 보드 위에 올려 고정시킨다.

7 틀과 보드가 부착된 후 옆부분도 사포질을 해주고 틀과 같은 컬러로 페인트 칠한다.

◦ 스트랩 연결하기

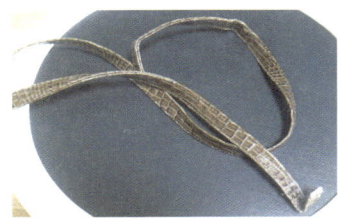

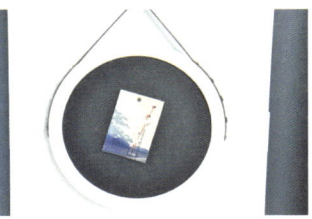

8 보드를 벽에 걸기 위해서 스트랩을 만들 차례. 쓰지 않는 가방 끈을 길이에 맞게 자른다.

9 끈을 틀에 대고, 고무망치로 비오를 두드려 가방 끈을 틀에 고정시켜준다.

10 안 쓰는 제품을 재활용한 자석 메모보드 완성.

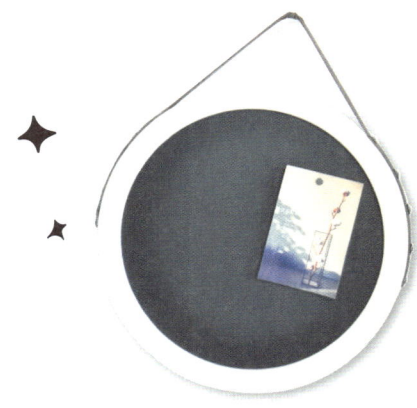

책꽂이

난이도 ★★★☆☆

가격대 60,000원 내외

materials

다리 브래킷 4개, 총알 나사(30mm) 4개

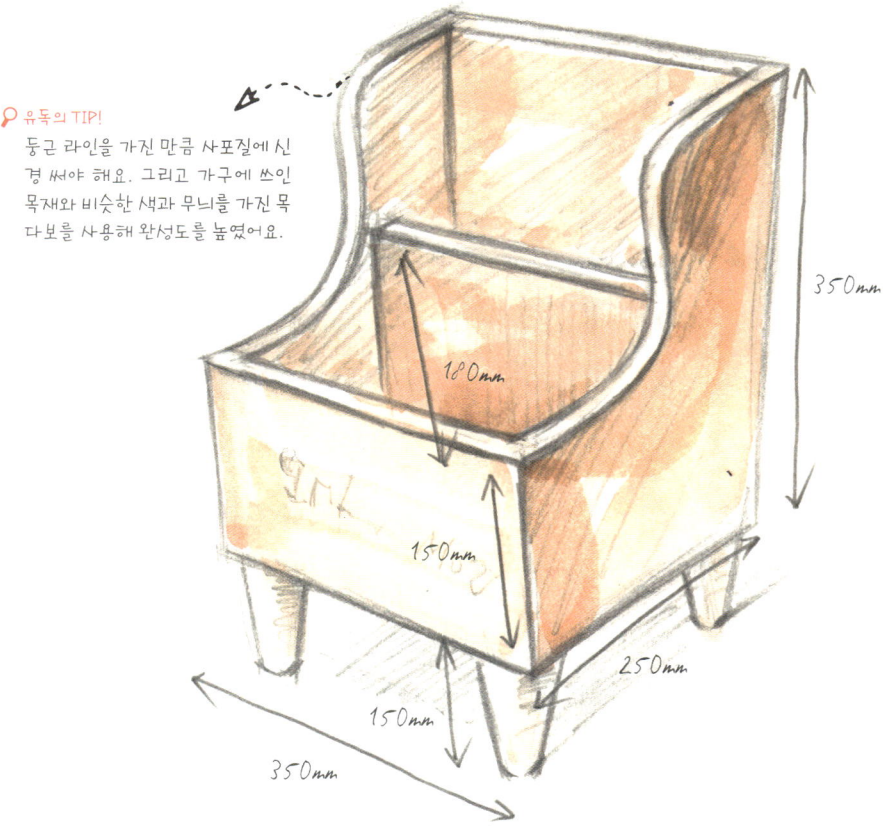

🔍유독의 TIP!

둥근 라인을 가진 만큼 사포질에 신
경 써야 해요. 그리고 가구에 쓰인
목재와 비슷한 색과 무늬를 가진 목
다보를 사용해 완성도를 높였어요.

350mm

180mm

150mm

250mm

150mm

350mm

독서하기 좋은 가을날, 소파 옆에 두고 틈 날 때마다

원하는 책을 볼 수 있도록 만든 책꽂이예요.

이 책꽂이는 둥근 옆 라인과 원뿔 모양의 원목 다리가 참 매력적이랍니다.

【 필요한 목재 】

뉴송 15t
① 앞판 150*350 − 1개
② 칸막이 180*320 − 1개
③ 옆판 250*350 − 2개
④ 뒤판 320*335 − 1개
⑤ 아래판 250*320 − 1개

원뿔 가구 다리
① 400 − 4개

책꽂이 만들기

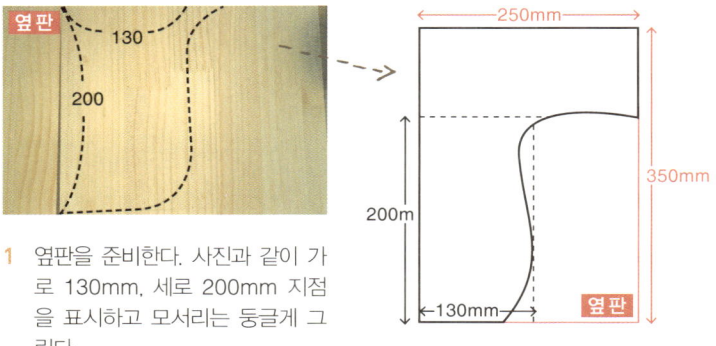

1 옆판을 준비한다. 사진과 같이 가로 130mm, 세로 200mm 지점을 표시하고 모서리는 둥글게 그린다.

2 앞에서 표시한 부분을 직소기로 절단한다.

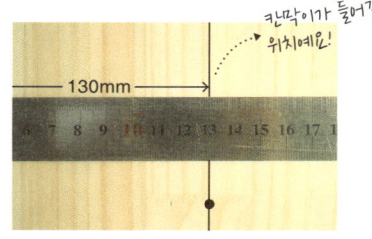

3 잘라낸 2의 옆판의 아래에서부터 130mm 지점에 선을 그어 잡지꽂이 중간에 들어갈 칸막이 자리를 표시한다.

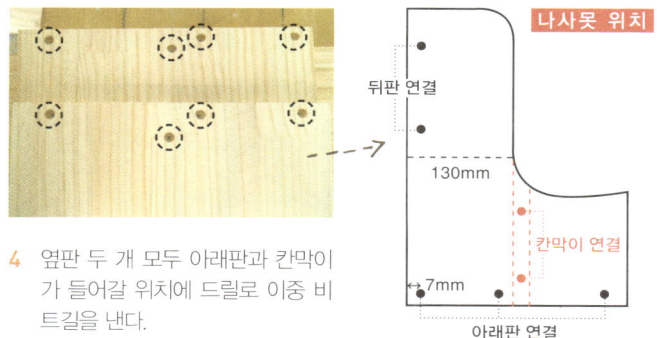

나사못 위치

뒤판 연결

130mm

칸막이 연결

7mm

아래판 연결

4 옆판 두 개 모두 아래판과 칸막이
가 들어갈 위치에 드릴로 이중 비
트길을 낸다.

옆판   옆판

아래판

5 옆판과 아래판을 나사못으로 연결
한다.

뒤판

칸막이

6 칸막이와 뒤판도 연결해준다.

앞판

본드 바르기

7 사진 속 표시한 부분에 목공본드
를 바르고 앞판을 올린 다음 나사
못으로 고정시킨다.

8 모든 이중 비트길에 목공본드를
바르고 목다보를 끼운다.

◈ 원목 다리 연결하기

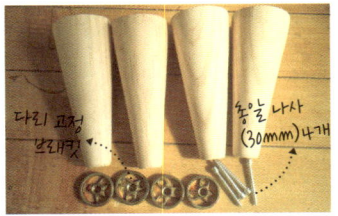

10 목다보가 굳는 동안 다리를 연결해준다.

11 다리에 다리 고정용 나사못을 사진과 같이 정중앙에 넣는다.

12 책꽂이 아래판의 네 모서리에 끝에서부터 40mm 지점을 표시한다.

14 표시한 지점을 중앙으로 두고 다리 고정 브래킷을 일반 나사못으로 연결한다.

15 본드가 굳은 목다보는 목다보톱으로 잘라내고 샌딩기로 가구 전체를 매끈하게 샌딩해준다.

17 책꽂이와 다리에 원하는 색상의 페인트나 스테인을 칠한다. 페인트가 마르면 800방 사포로 사포질해 주고 다시 한 번 페인트를 칠한다.

COLOR TIP 아이생각 수성스테인 소나무색

18 다리 고정 브래킷에 다리를 돌려 끼운다.

19 스텐실을 이용해 밋밋한 책꽂이 앞면에 포인트를 준다.

20 둥근 라인이 예쁜 책꽂이 완성.

크리스마스
트리 선반

난이도 ★★★☆☆
가격대 30,000원 내외

materials

전구 전선, 오너먼트

♀ 유독의 TIP!
집 분위기에 맞게 다른 색의 페인트를 칠해보세요.
선반의 개수를 더 추가해도 좋아요.

200mm

300mm

570mm

400mm

1000mm

겨울이 끝나도 장식용 선반으로 계속 쓸 수 있는 크리스마스트리 선반이에요.

선반에 여러 가지 오너먼트를 올려 꾸며줄 수도 있어요.

게다가 폭이 슬림해 공간도 많이 차지하지 않아 더욱 실용적인 선반이랍니다.

【필요한 목재】

삼나무 15t

– 트리 판넬
① 100*240 – 2개
② 100*300 – 3개
③ 100*570 – 5개

– 선반
① 100*200 – 1개
② 100*300 – 1개
③ 100*500 – 1개

– 뒤쪽 지지대
① 50*1100 – 1개

스프러스 40t

– 하단 지지대
① 140*400 – 1개

◢ 트리 모양 판넬 만들기

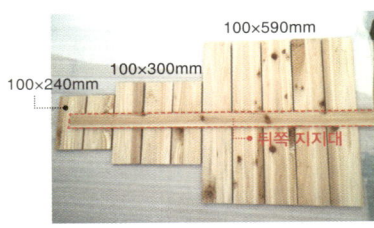

1 트리가 되는 목재를 크기순으로
놓고, 뒤쪽 지지대를 올려 트리 모
양으로 배열한다.

2 지지대에 트리를 고정할 부분을
표시하고, 이중 비트길을 내준다.

3 배열된 트리에 목공본드를 바른다.

4 목공본드를 바른 곳에 지지대를
올리고 나사못으로 고정시켜준다.

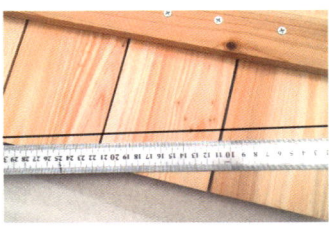

5 트리는 짧은 길이의 목재부터 시
작해 긴 길이의 목재까지 사선으
로 선을 긋는다.

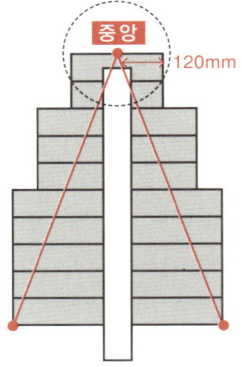

6 선을 따라 직소기로 절단한다.

7 사포 혹은 샌딩기로 샌딩하고 스테인을 칠한다.

COLOR TIP 아이생각 수성스테인 화이트

✎ 하단 지지대 연결하기

8 이제 트리 선반을 세우기 위해 뒤쪽 지지대와 하단 지지대를 연결할 차례. 뒤쪽 지지대 아래에 하단 지지대가 붙을 곳을 표시한다.

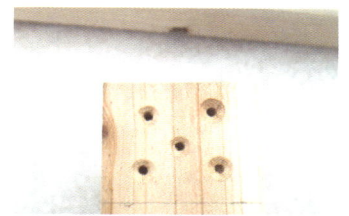

9 하단 지지대를 연결할 수 있게 드릴로 이중 비트길을 내준다.

10 뒤쪽 지지대와 하단 지지대를 나사못으로 연결해준다. 이제 트리를 세울 수 있는 상태가 되었다.

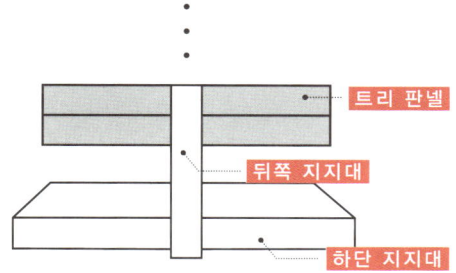

선반 연결하기

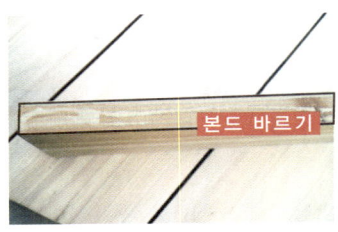

본드 바르기

11 선반에 사진과 같이 목공본드를 바른다.

12 트리 판넬 앞에 선반을 붙이고 뒤에서 나사못으로 고정한다.

13 같은 방법으로 나머지 선반도 길이에 맞춰 차례로 고정한다.

14 따뜻한 분위기의 크리스마스트리 선반 완성.

TIP 선반의 개수는 더 늘려도 좋다.

"크리스마스 시즌이 끝나면
트리의 장식을 고체해
선반에 올려보세요."

서랍이 있는 테이블

난이도 ★★★★☆

가격대 120,000원 내외

materials

8자 철물 10개 이상, 손잡이 3개, 다리 브래킷 4개

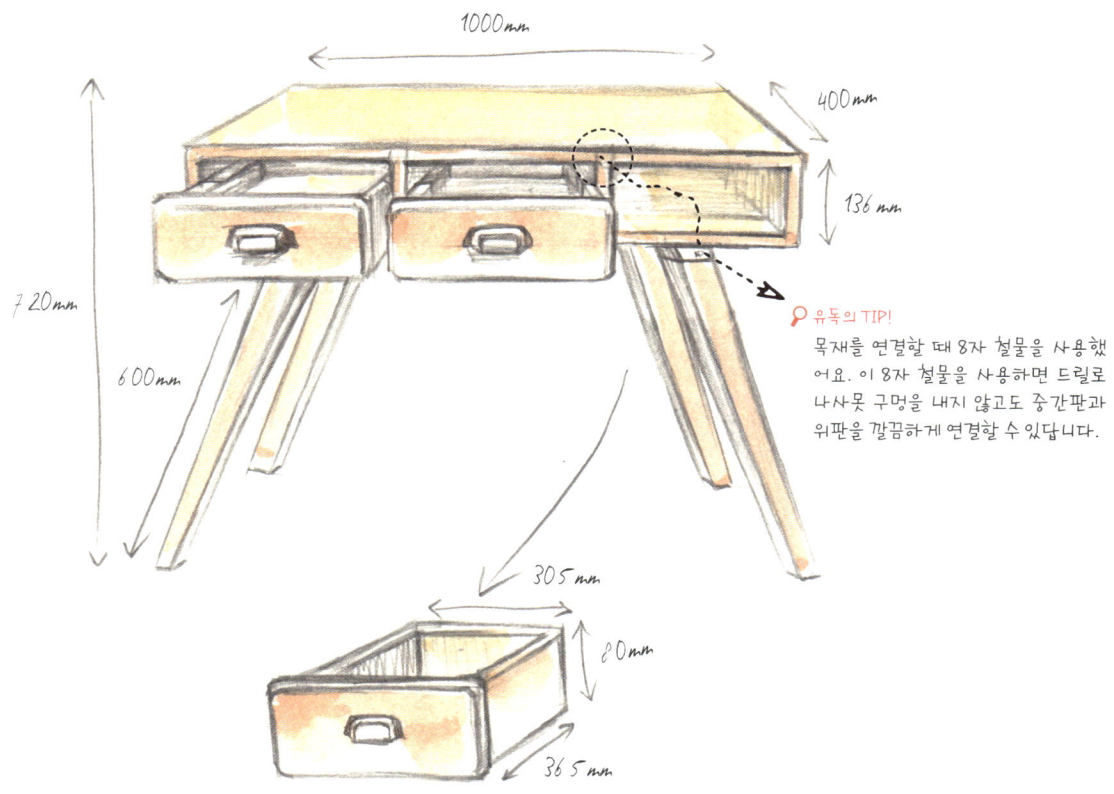

1000mm

400mm

136mm

720mm

600mx

305 mm

80mm

365 mm

🔍 유독의 TIP!

목재를 연결할 때 8자 철물을 사용했
어요. 이 8자 철물을 사용하면 드릴로
나사못 구멍을 내지 않고도 중간판과
위판을 깔끔하게 연결할 수 있답니다.

수납 걱정을 날려주는 서랍 테이블이에요.

서랍이 세 칸이나 있어

테이블 위가 한결 깔끔하게 정돈된답니다.

【 필요한 목재 】

뉴송 18t
– 테이블
① 위, 아래판 400*1000 – 2개
② 옆판 100*400 – 2개
③ 뒤판 100*964 – 1개
④ 칸막이 100*382 – 2개

– 서랍
① 앞판(15t) 110*320 – 3개

삼나무 15t
– 서랍
① 앞, 뒤판 80*305 – 6개
② 아래판 275*335 – 3개
③ 옆판 80*335 – 6개

– 레트로 가구 다리
① 600 – 4개

✎ 기본 테이블 만들기

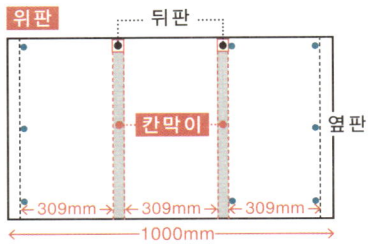

1 옆의 그림을 참고해 위판 안쪽에 칸막이가 연결될 위치를 연필로 표시한다.

• 8자 철물이 고정될 위치

2 드릴에 보링 비트를 끼우고 칸막이에 8자 철물 자리를 만든다.

TIP 테이블 위에 목다보 자국을 내지 않기 위해 8자 철물을 쓴다.

3 보링 비트로 낸 구멍에 8자 철물을 고정시킨 다음 나사못을 끼운다.

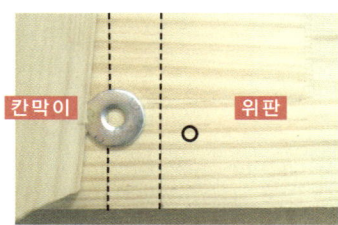

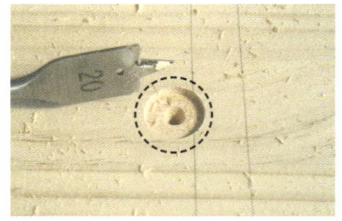

4 8자 철물이 고정될 곳을 위판에 연필로 표시한다.

5 4에서 표시한 곳도 보링 비트로 구멍을 낸다.

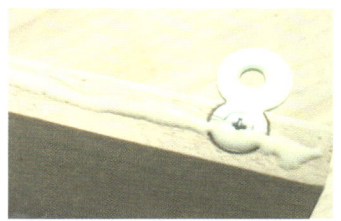

6 보링 비트를 고정한 칸막이는 목
공본드를 발라서 위판에 붙인다.

7 8자 철물에 나사못을 이용해 칸
막이와 위판을 다시 한 번 고정시
킨다.

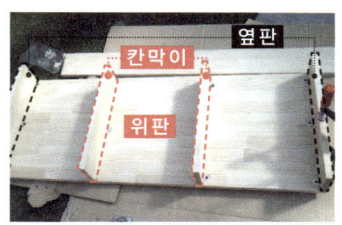

8 앞과 같은 방법으로 옆판과 나머
지 칸막이 하나도 위판에 고정시
킨다.

9 뒤판도 연결한다.

10 아래판을 올려 옆판, 칸막이와 나
사못으로 연결한다.

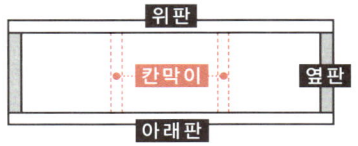

11 다리, 서랍을 제외한 기본 테이블
형태가 갖추어졌다. 사포 혹은 샌
딩기로 테이블을 다듬는다.

서랍 만들기

12 서랍 3칸을 만들 차례. 서랍 아래 판에 옆판 2개를 타카로 고정시켜 준다.

13 앞판과 뒤판도 타카로 고정한다.

14 같은 방법으로 총 3개의 서랍을 만든다.

서랍 앞판 만들기

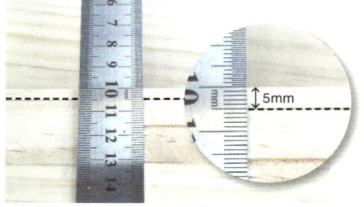

15 서랍의 앞판을 만드는데, 앞판 3개 모두 둥근 느낌이 나도록 샌딩한다.

16 샌딩한 서랍 앞판의 뒷면에 위에서부터 5mm가 되는 지점을 표시한다.

17 14의 서랍 앞면에 목공본드를 바른다.

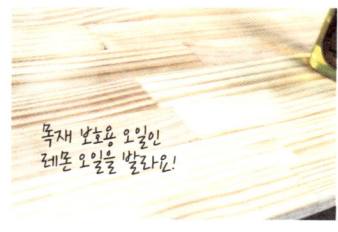

18 16에서 표시한 5mm 지점은 남기고 샌딩한 앞판에 서랍을 붙인 후 나사못으로 단단히 고정시킨다.

19 테이블 위판에 오일을 바르고 면천으로 문질러 흡수시키는 작업을 2회가량 반복한다.

20 오일을 흡수시킨 다음 서랍 앞판에 스테인을 바른다.
COLOR TIP 아이생각 수성스테인 호두나무색

21 손잡이를 서랍 앞판에 붙인 후 나사못으로 단단히 고정시킨다.

가구 다리 연결하기

브래킷의 위치

110mm 다리

브래킷은 나사못으로 고정해줍니다.

22 마지막으로 테이블의 다리를 연결할 차례. 테이블을 뒤집어 아래판에 다리를 붙일 브래킷이 달릴 위치를 표시하고 브래킷을 박아준다.

23 가구 다리를 브래킷 안쪽에 끼우고 나사못으로 고정해준다. 나머지 3개의 가구 다리도 모두 똑같이 해준다.

24 서랍이 있는 테이블 완성.

피아노
테이블

난이도 ★★★★☆

가격대 130,000원 내외

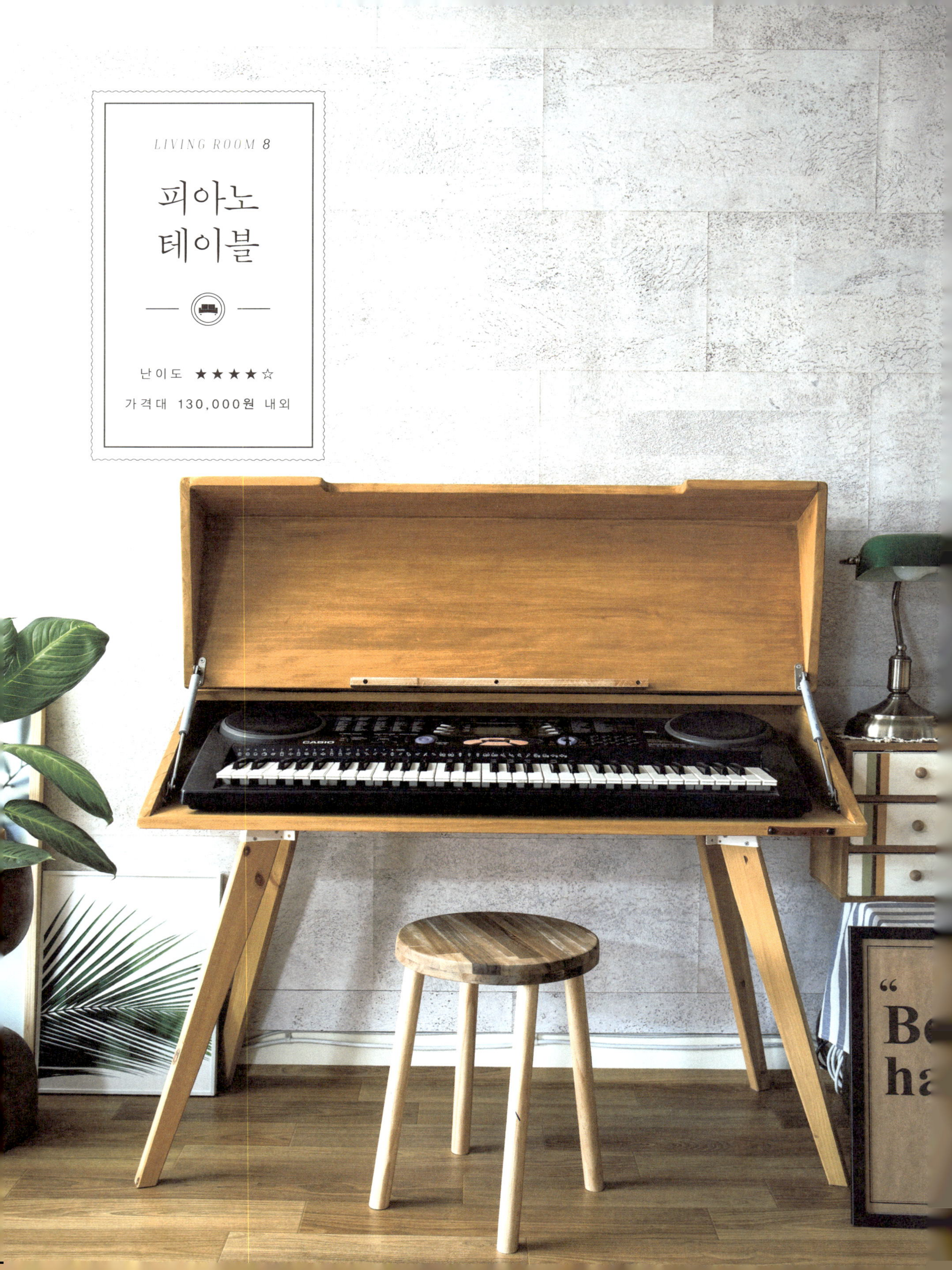

materials

다리 브래킷 4개, 쇼바 2개, 나사못(30, 35mm)

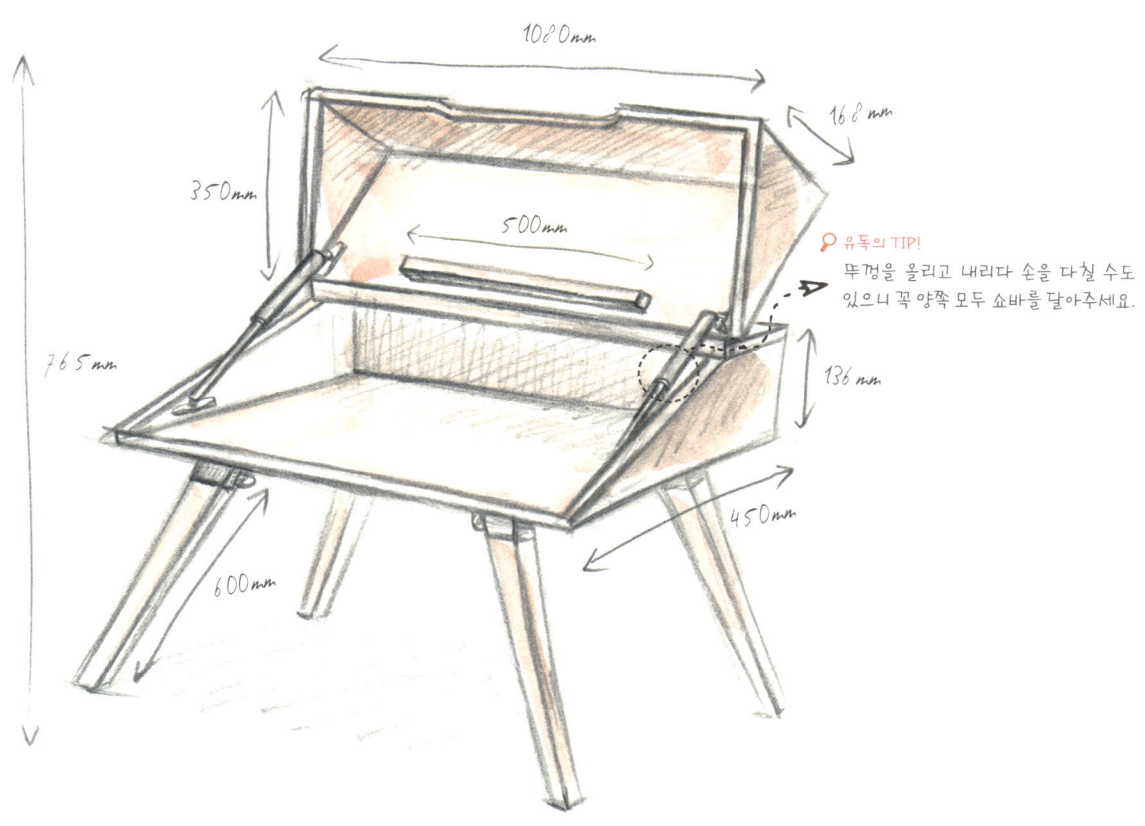

1080mm

168mm

350mm

500mm

🔍 유독의 TIP!
뚜껑을 올리고 내리다 손을 다칠 수도
있으니 꼭 양쪽 모두 쇼바를 달아주세요.

765mm

136mm

450mm

600mm

아이를 위해 아는 선배로부터 받은 키보드 피아노를 보관하는 테이블이에요.

평소에는 일반 테이블로 사용하고, 피아노를 치고 싶을 땐 피아노 테이블로 변신하지요.

아이를 위한 특별한 피아노 테이블이랍니다.

【 필 요 한 목 재 】

스프러스 18t
① 앞판 150*1044 − 1개
② 뒤판 100*1044 − 1개
③ 옆판 150*450 − 2개
④ 아래판 450*1080 − 1개
⑤ 뚜껑 347*1080 − 1개
⑥ 뚜껑 지지대 100*1080 − 1개

삼나무 15t
① 악보 꽂이용 쫄대 500 − 1개

레트로 가구 다리
① 600 − 4개

✎ 테이블 뚜껑 만들기

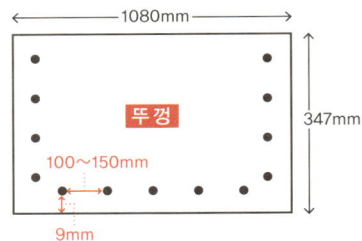

1 뚜껑에 이중 비트길을 내줄 곳을 표시한다. 구멍은 목재 두께의 절반 지점에 낸다. 목재 두께가 18mm이므로 끝에서 9mm 지점에 구멍을 낼 수 있도록 구멍을 4~5개 정도 표시해준다(그림 참고).

2 드릴에 이중 비트를 끼우고 앞에서 표시한 곳에 구멍을 낸다.

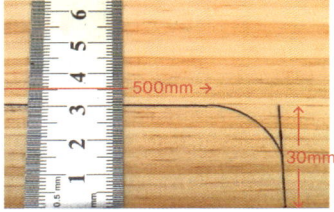

3 앞판의 중앙에 손잡이를 따낼 곳을 그려준다. 손잡이는 높이 30mm, 길이 500mm 정도로 그린다.

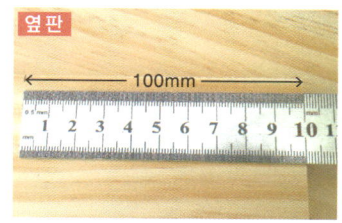

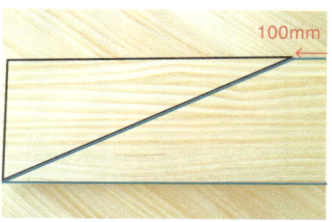

4 직소기를 이용해 손잡이 부분을 잘라낸다.

TIP 직소기 사용 시 절단해야 할 판재 단면에 톱날을 댄 상태에서 모터 작동을 해야 하며 절단할 판재와 직소기 아랫면을 완전 밀착하는 것이 중요하다.

5 옆판을 가져온다. 우측 끝에서 부터 100mm 지점을 표시한다.

6 표시한 100mm 안쪽 지점부터 왼쪽 하단 끝부분까지 사선을 그은 다음 선을 따라 자른다. 나머지 옆판 하나도 똑같이 만들어준다.

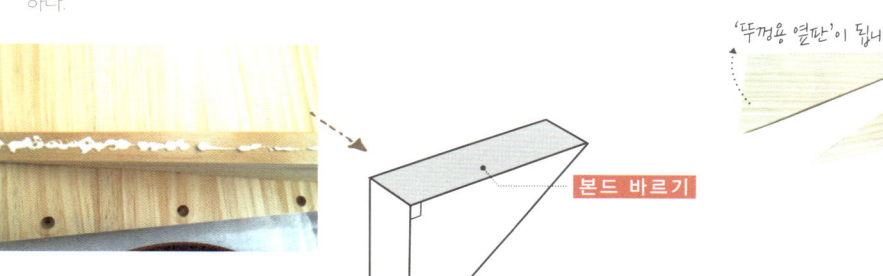

본드 바르기

'뚜껑용 옆판'이 됩니다

100mm

'아래판용(테이블 부분) 옆판'이 됩니다

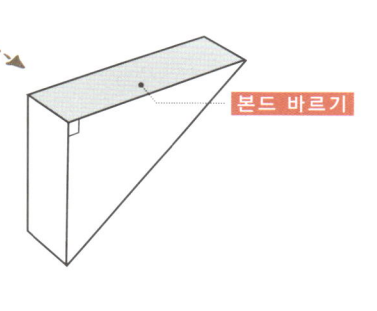

7 6에서 잘라낸 삼각형 모양의 옆판 (뚜껑용 옆판)으로 뚜껑을 조립한다. 목재의 한 면에 목공본드를 바른다.

뚜껑   뚜껑용 옆판

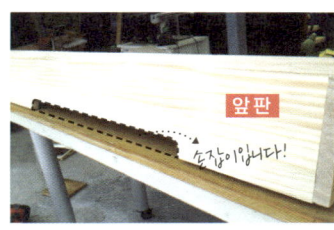

앞판

손잡이입니다!

8 목공본드를 바른 옆판은 사진과 같이 뚜껑 아래에 붙이고, 뚜껑용 옆판에 드릴로 구멍을 내서 나사못을 고정시킨다. 나머지 옆판 한 개도 반대편에 똑같이 연결한다.

9 뚜껑에 직각삼각형 모양의 옆판이 고정된 모습.

10 옆판 사이에 4의 앞판을 붙인다. 마찬가지로 목공본드와 나사못을 이용해 붙인다. 뚜껑 부분 완성.

● 아래판 만들기

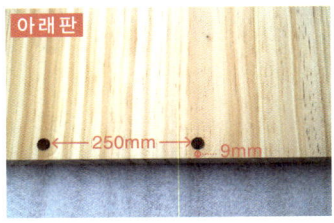

11 아래판에도 이중 비트길을 내준다. 목재의 끝에서 9mm 지점에, 각각 100~150mm 간격으로 4~5개 정도의 구멍을 낸다.

12 6에서 잘라낸 사다리꼴 모양의 옆판에 아래판을 사진과 같이 조립한다. 나머지 옆판 한 개도 반대편에 똑같이 연결한다.

13 아래판을 뒤집은 후 뒤쪽에 뒤판을 끼워준다. 이때 아래 공간은 사진과 같이 비워야 하는데, 이 곳으로 키보드의 전원코드를 뺄 수 있기 때문이다. 뚜껑 지지대를 올리기 위해 뒤판 상단에는 목공본드를 바른다.

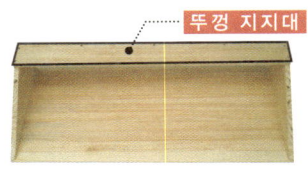

14 목공본드를 바른 13의 위에 뚜껑 지지대를 붙이고 나사못으로 고정해준다.

15 이중 비트길에 목공본드를 한 방울씩 흘려준다.

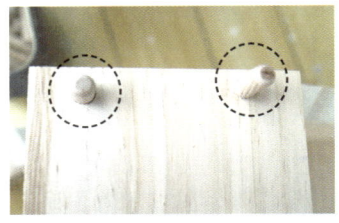

16 목다보를 준비한다. 목다보는 목공본드를 바른 구멍에 한 바퀴 정도 돌려서 끼워 넣고 나무망치로 박아준다.

17 목공본드가 굳으면 목다보톱을 이용해 밖으로 튀어나온 목다보를 잘라낸다. 목다보를 자를 때는 가구를 허리 아래에 놓고 작업하면 편리하다. 아래판 완성.

18 샌딩기로 가구를 샌딩해준다. 샌딩을 처음 시작할 때는 모서리와 거친 절단면 위주로 작업한다.

19 매끈한 마감을 위해 손사포로 한 번 더 샌딩해준다. 모서리는 220방 사포로 둥글게 사포질해준다.

스테인을 칠한 부분

스테인을 칠하지 않은 부분

원하는 마감 상태가 나올 때까지 스테인과 사포 과정을 반복해도 OK!

20 가구 전체에 스테인을 칠한다. 가구 다리에도 같은 색상의 스테인을 칠한다.

COLOR TIP 아이생각 수성수테인 참나무색

21 스테인이 마르면 600방 사포로 사포질하고 다시 스테인을 칠하는 과정을 2~3회 반복한다. 목재가 스테인이나 페인트를 만나면 붉게 되어 더 거칠어지므로 페인트나 스테인이 마르면 600방 사포를 이용해 결을 따라 사포질한다.

뚜껑 + 아래판 연결하기

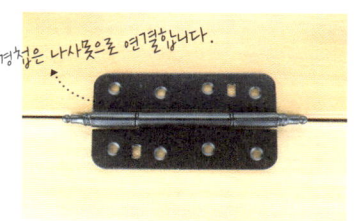

경첩은 나사못으로 연결합니다.

22 뚜껑과 아래판을 연결한다. 경첩을 준비하고 경첩으로 뚜껑과 뚜껑 지지대 부분(아래판)을 나사못으로 연결한다. 경첩은 뚜껑에 먼저 달고 그다음 뚜껑 지지대에 연결해준다.

23 경첩으로 연결된 뚜껑과 아래판의 모습.

24 테이블을 뒤집어 아래판 아래에 사선을 긋고 끝에서부터 150mm 지점에 다리를 연결할 브래킷을 놓는다.

TIP 103p 참고

경첩과 마찬가지로 나사못을 이용해 브래킷 고정시키기!

25 레트로 가구 다리를 브래킷 안쪽에 끼운다.

TIP 다리를 설치할 위치에 브래킷을 먼저 박은 다음 가구 다리를 끼운다.

26 브래킷 구멍에 나사못을 끼워 다리를 연결한다. 나머지 3개의 가구 다리도 똑같이 해준다.

27 뚜껑과 아래판 사이에 쇼바를 나사못으로 고정시킨다. 뚜껑이 저절로 닫히지 않도록 해주는 쇼바는 양쪽 모두 달아준다.

✿ 악보 꽂이 연결하기

구멍 간 간격은 꼭 정해진 것이 아니니 적당한 위치에 이중 비트길을 내요!

←250mm→

28 뚜껑에 피아노 악보를 놓을 자리를 만든다. 길이가 500mm인 자투리 목재를 샌딩하고 그림과 같이 이중 비트길을 3~4개 정도낸다.

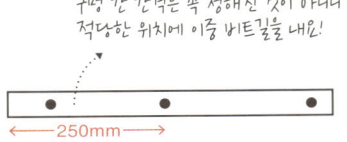

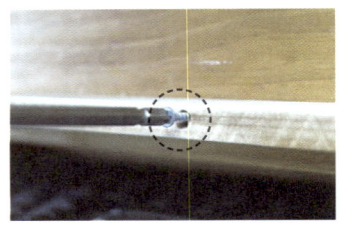

29 악보 꽂이 목재에 목공본드를 바른다.

30 25mm 나사못을 이용해 뚜껑 하단에 나사못으로 목재를 고정시켜준다.

31 목재에 악보를 올려주면 된다.

32 테이블 안에 키보드를 넣는다. 피아노 테이블 완성.

2

주방

—🍴—

KITCHEN

따스하고 포근한 주방이에요. 지금의 주방은 원래는 베란다였는데 정말 대 변신 수준으로 개조해 소품이면 소품, 가구면 가구, 모두 제가 직접 만들었어요. 특히 주방 소품은 따로 목재를 구입하지 않고 버리는 상자로 리폼해 만든 것들이 많은데요. 놀랄만큼 저렴한 금액으로 만들 수 있는 예쁜 커트러리 보관함, 트레이 등의 아이템을 선보일게요.

KITCHEN
BASIC

과자
수납함

goal
목재 조립하기

난이도 ★★☆☆☆

가격대 30,000원 내외

materials

가죽 손잡이 3개

🔍 유독의 TIP!

목공본드와 타카만 있으면 드릴과 못 없이도
조립할 수 있어요. 뚜껑, 수납함 안쪽은 페인
트를 칠하지 말고 그대로 두세요. 뚜껑을 열 때
마다 나는 향긋한 삼나무 향기를 맡는 것만으
로도 힐링이 되거든요.

아이가 좋아하는 과자를 담은 수납함이에요.

주방이나 거실 한쪽에 수납함을 놓고, 비스킷이나 캔디 등을 종류별로 나누어 보관해보세요.

아이가 간식을 스스로 찾아 먹을 수 있어 좋답니다.

【 필 요 한 목 재 】

삼나무 15t

수납함(대)
① 앞. 뒤판 200*200 - 2개
② 옆판 170*200 - 2개
③ 아래판 200*200 - 1개
④ 뚜껑 200*200 - 1개
⑤ 뚜껑 지지대 30*160 - 2개

수납함(중)
① 앞. 뒤판 180*180 - 2개
② 옆판 150*180 - 2개
③ 아래판 180*180 - 1개
④ 뚜껑 180*180 - 1개
⑤ 뚜껑 지지대 30*140 - 2개

수납함(소)
① 앞. 뒤판 160*160 - 2개
② 옆판 130*160 - 2개
③ 아래판 160*160 - 1개
④ 뚜껑 160*160 - 1개
⑤ 뚜껑 지지대 30*120 - 2개

목재 준비하기

전체 사이즈가 200*200인 수납함(목재 15t)을 만들 때 필요한 목재는 아래와 같이 준비합니다.

- 앞. 뒤판 : 200*200 - 2개
- 옆판 : 170*200 - 2개

☞ 옆판의 170은 200에서 목재 두께(15+15=30)를 빼준 것입니다.

- 아래판 200*200 - 1개 (박스 아래에 고정할 경우)

☞ 단 아래판을 박스 안에 넣을 경우에는 사방으로 목재 두께를 빼서 170*170의 목재를 준비합니다.

수납함 3개분 목재를 준비한다.

목재 조립해 박스 형태 만들기

52p 참고.

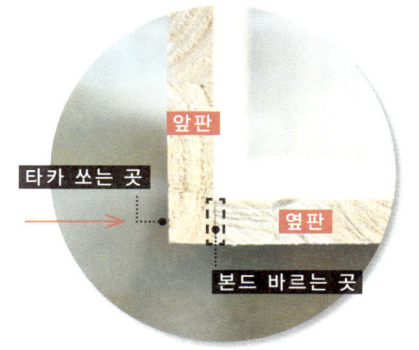

2

옆판에 목공본드를 바른 다음 타카를 이용해 앞
판을 붙인다.

3

나머지 옆판 하나도 똑같이 연결해 ㄷ자가 되도록
만든다. 뒤판까지 연결해 ㅁ자를 만든다.

4

아래판도 연결한다.

5

위와 같은 방법으로 세 가지 사이즈의 박스를
만든다.

● 깔끔하게 자국 메우고 다듬기 – 메꿈이로 메우기

메꿈이는 목재에 타카핀이나 나사못을 넣고 남은 자국을 메우는 용도로 사용합니다. 주로 낮고 작은 이중 비트길. 목재
에 옹이가 빠진 부분 등에 사용해요. 가정에서는 방문이나 문틀에 생긴 작은 홈을 메우는 용도로 사용해도 좋아요.

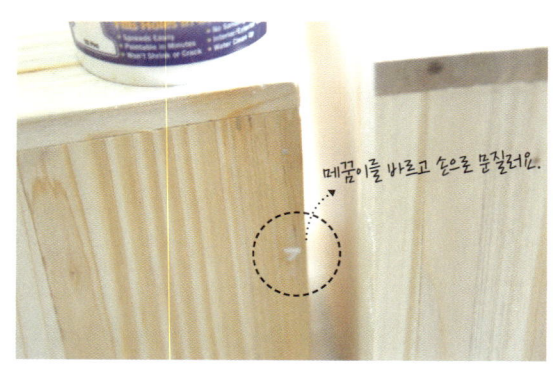

메꿈이를 바르고 손으로 문질러요.

6

메꿈이로 타카 자국을 메운다.

목재 덧붙이기 – 뚜껑 + 뚜껑 지지대

뚜껑 안쪽에서 뚜껑을 지탱해주는 지지대를 연결할 때는 목재 양끝에서 목재의 두께에 5를 더한 만큼의 지점에 지지대를 붙입니다. 만약 목재 두께에만 맞춰 지지대를 붙일 경우 습한 여름날 지지대가 팽창해 뚜껑이 열리지 않을 수 있으니 주의하세요

7

뚜껑 안쪽에 고정될 뚜껑 지지대에 목공본드를 바른다.

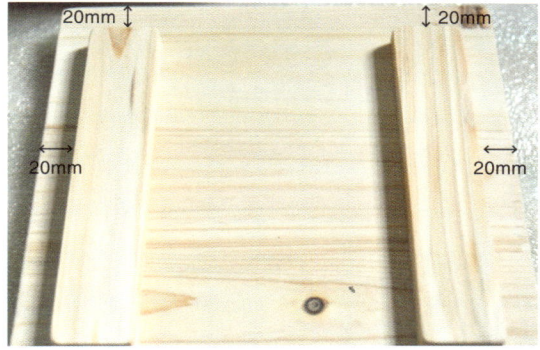

8

뚜껑 바깥쪽에서부터 20mm(15mm+5) 지점에 지지대를 붙인다.

9

각 모서리는 800방 사포로 부드럽게 다듬는다.

● 페인트 칠하기

페인트는 기본적으로 소품이나 가구에 2회 정도 칠해줍니다. 원하는 색이 나오지 않을 경우 더 칠해도 되지만 페인트는 최대한 얇게 여러 번 칠해야 깔끔하다는 사실을 잊지 마세요. 스테인은 목재의 결을 따라 칠하는 반면 페인트는 1회차에는 좌우로, 2회차에는 상하로 칠해야 붓 자국을 최소화할 수 있답니다.

10

수납함 바깥쪽에 페인트를 칠한다.

COLOR TIP 더클래시 엔리치 S 0505-Y

11

뚜껑 바깥쪽에도 똑같은 컬러의 페인트를 칠한다. 페인트를 칠하고 사포로 다듬는 과정을 두세 번 더 반복한다.

TIP 나무의 느낌을 살리기 위해 수납함 안쪽은 페인트를 칠하지 않고 원 상태 그대로 둔다.

✎ 스텐실하기
  55p 참고.

12

스텐실을 할 곳에 미리 마스킹테이프를 붙여 중심을 잡는다.

13

원하는 문구나 단어를 스텐실로 표시해 포인트를 준다.

14

스텐실을 마치고 나면 마스킹테이프를 떼어낸다.

TIP 스텐실 사용법이 어렵다면 시중에 판매하는 레터링 스티커를 이용해도 좋다.

15

손잡이를 달 곳을 표시하고 나사못으로 가죽 손
잡이를 고정한다.

bread cookie candy

16

틴 느낌이 나는 과자 수납함 완성.

KITCHEN 1

컵보드

materials

훅걸이 21개, ㄱ자 꺾쇠 3개, 액자 고리 혹은 평철 걸이 2개

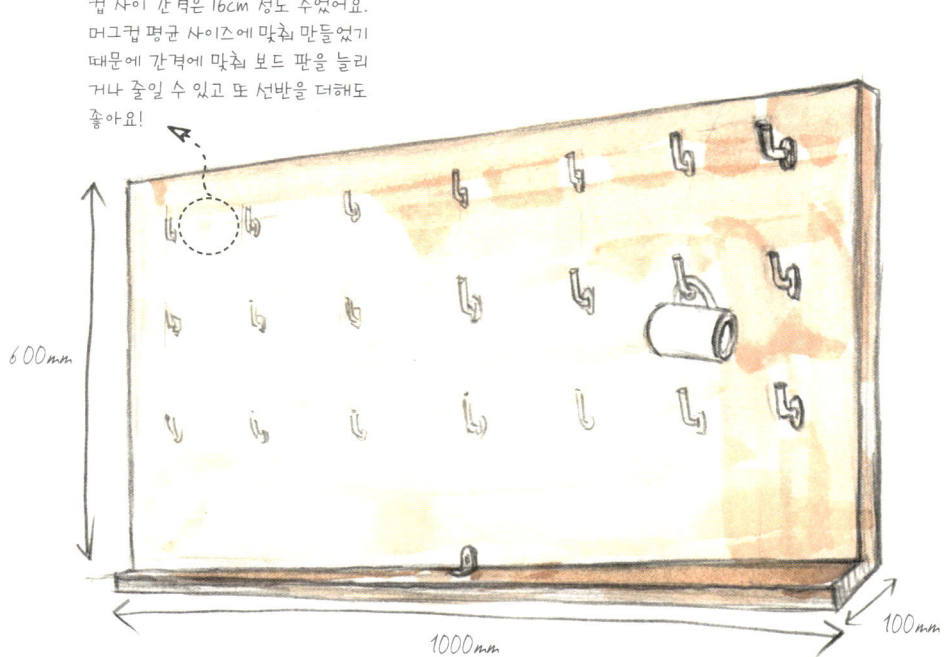

🔍 유독의 TIP!

컵 사이 간격은 16cm 정도 주었어요.
머그컵 평균 사이즈에 맞춰 만들었기
때문에 간격에 맞춰 보드 판을 늘리
거나 줄일 수 있고 또 선반을 더해도
좋아요!

600mm

1000mm

100mm

처치 곤란인 많은 컵을 정리하기 좋은 컵보드예요.

컵보드를 정수기와 커피머신 옆에 고정해놓으니

커피를 마시거나 물을 마실 때도 컵 사용하기가 한결 수월해졌답니다.

【 필요한 목재 】

삼나무 18t
① 컵보드 100*1000 - 7개
② 패널 고정용 100*500 - 2개

✐ 하단 선반 만들기

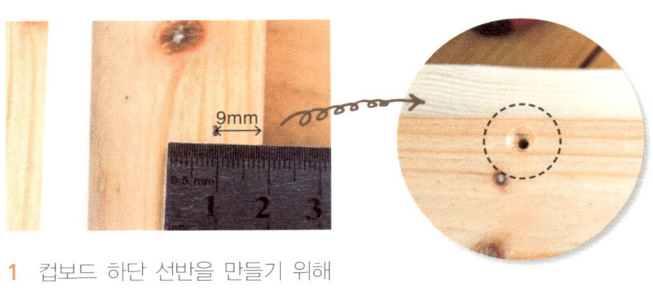

1 컵보드 하단 선반을 만들기 위해 목재(100*1000)의 뒷면에 이중 비트길을 5개 정도 내준다.

본드 바르기

2 1과 똑같은 사이즈의 목재 한 면에 사진과 같이 목공본드를 바른다.

3 1, 2에서 만든 두 개의 목재를 ㄱ자로 연결한다.

4 1에서 낸 구멍에 나사못을 넣고 고정시킨다.

5 키가 작은 아이를 위해 특별히 만든 컵보드 하단 선반 완성.

컵보드 전체 판 만들기

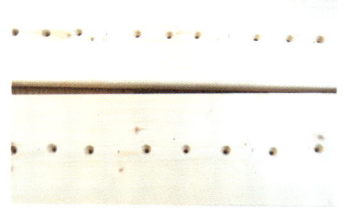

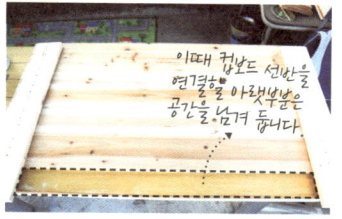

6 컵보드 판을 만들 차례. 패널 고정용 목재에 사진과 같이 이중 비트길을 10개 이상 내준다.

7 나머지 5개의 목재(100*1000)를 차례로 놓고, 패널 고정용 목재와 연결할 수 있도록 목공본드를 바른다.

8 패널 고정용 목재를 앞에서 목공본드를 바른 곳 위에 올린다.

이때 컵보드 선반을 연결할 아랫부분은 공간을 남겨 둡니다.

9 6에서 낸 이중 비트길에 나사못을 넣고 목재를 고정한다. 컵보드 전체 판 완성.

컵보드 하단 선반 + 판 연결하기

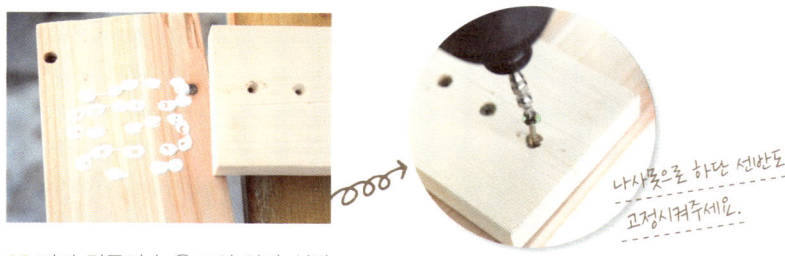

나사못으로 하단 선반도 고정시켜주세요.

10 미리 만들어 놓은 5의 하단 선반 뒤에 목공본드를 바르고 패널 고정용 목재끝에 붙인다.

● 훅걸이 붙이기

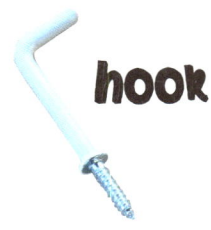

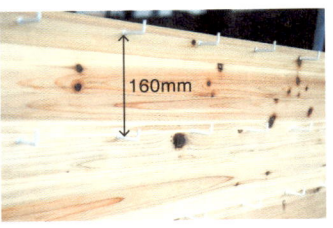

11 컵을 걸어줄 훅걸이를 준비한다.

12 드릴로 컵보드에 훅걸이가 들어갈 구멍을 내고, 훅걸이를 돌려 고정 시킨다.

13 머그컵을 기준으로 각 컵을 걸기 위한 훅걸이 사이의 간격은 160mm 정도면 충분하다.

● 컵보드 고리 연결하기

14 하단 선반은 ㄱ자 꺾쇠를 이용해 보드에 더 단단히 연결해준다.

15 패널 고정용 목재의 상단에 고정용 고리를 붙이고 벽에 걸어준다.

16 하단의 선반에는 키가 작은 아이가 자주 사용하는 컵을 놓는다.

17 여러 컵을 정리하기 좋은 컵보드 완성.

TIP
컵보드를 둘 공간이 좁다면 목재의 길이를 조절해서 만들어도 된다.

"커피를 좋아하는 우리 부부,
머그컵이 많아 컵보드를 만들어 정리해보았어요.
아이를 위한 선반도 잊지 말고 꼭 만들어보세요."

북유럽 타일 냄비 받침대

난이도 ★★☆☆☆

가격대 10,000원 내외

materials

북유럽 타일(95*95) 5개, 가죽 끈

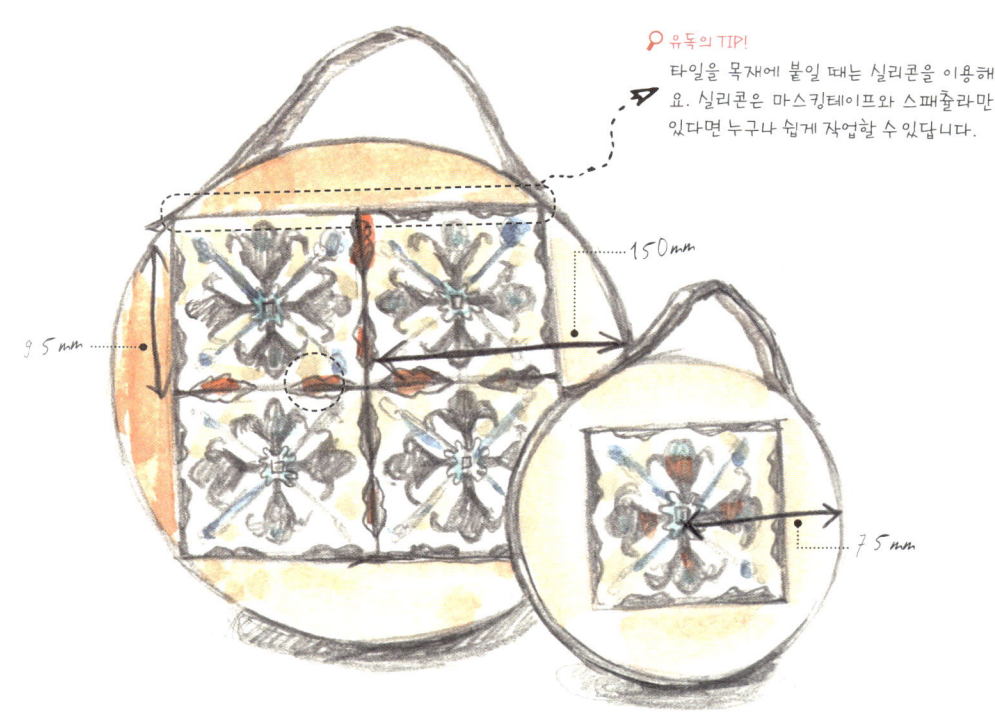

🔍 유독의 TIP!

타일을 목재에 붙일 때는 실리콘을 이용해요. 실리콘은 마스킹테이프와 스패츌라만 있다면 누구나 쉽게 작업할 수 있답니다.

150㎜

95㎜

75㎜

예쁜 북유럽 타일을 이용해 만든 냄비 받침대예요.

북유럽 인테리어가 많은 사랑을 받으면서 관련 소품도 쉽게 구입할 수 있게 되었는데요.

이전에 비싸던 북유럽 소품을 저렴한 금액으로 만들 수 있어 더 좋은 듯합니다.

【필요한 목재】

심나무 15t
① 150*150 - 1개
② 300*300 - 1개

✎ 목재 + 타일 연결하기

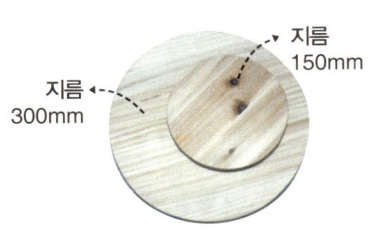

1 목재에 컴퍼스로 정원을 그린 다음 직소기로 자른다. 모서리는 부드럽게 샌딩한다.

2 앞에서 자른 원 모양의 목재에 폴리우레탄 바니시를 바른다.

3 바니시가 다 마르면 600방 사포로 다듬고, 또 한 번 바니시를 칠하고 다시 사포로 다듬는 작업을 3회가량 반복한다.

4 북유럽 스타일의 타일을 5개 준비한다.

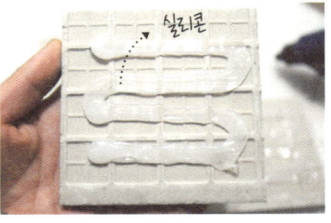

5 타일을 고정하기 위한 실리콘과 글루건도 준비한다.

6 타일 뒷면에 사진과 같이 실리콘을 바른다.

7 앞에서 바른 실리콘 사이와 타일 테두리 부분에 글루건을 바른다.

8 글루건이 마르기 전에 원형 목재 (지름 150mm) 위에 타일을 올린 다음 접착이 잘 되도록 지긋이 눌 러준다.

9 글루건이 굳어 타일이 고정된 것 을 확인한다.

10 앞과 같은 방법으로 지름 300mm 원형 목재에도 타일 4개를 붙여 준다.

☙ 손잡이 만들기

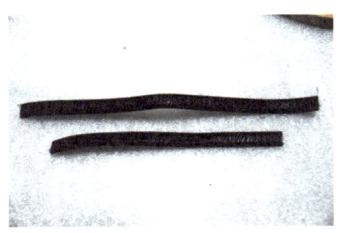

11 냄비 받침대의 손잡이를 만들 차 례. 먼저 사용하지 않는 가방 끈을 적당한 길이로 자른다.

12 냄비 받침대의 상단 부분, 손잡이 를 붙일 곳에 드릴로 미리 구멍을 낸다.

13 나사못으로 끈을 고정한다.

✒ 목재 + 타일 연결을 실리콘으로 마감하기

5~7mm

14 타일과 목재 사이에 5~7mm 정도의 여유를 남기고 마스킹테이프를 붙인다.

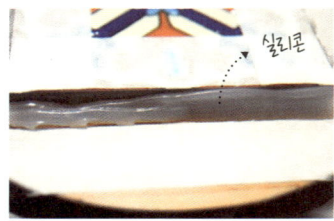

실리콘

15 타일과 목재 사이의 공간에 실리콘을 바른다.

16 실리콘용 스패츌러를 이용해 실리콘을 고르게 펴준다.

TIP 스패츌러가 없다면 일회용 장갑을 끼고 손가락으로 마무리해도 OK.

17 실리콘을 고르게 바른 다음 마스킹테이프를 떼낸다. 이와 같이 작업하면 타일 위에 실리콘이 지저분하게 묻지 않고 깔끔하게 정리된다.

18 실리콘이 잘 굳도록 바로 사용하지 않고 하루 정도 건조시킨다.

19 북유럽 분위기의 타일로 만든 냄비 받침대 완성.

북유럽 타일 트레이

난이도 ★★☆☆☆

가격대 15,000원 내외

materials

북유럽 타일(95*95) 6개, 손잡이 2개, 피스 커버

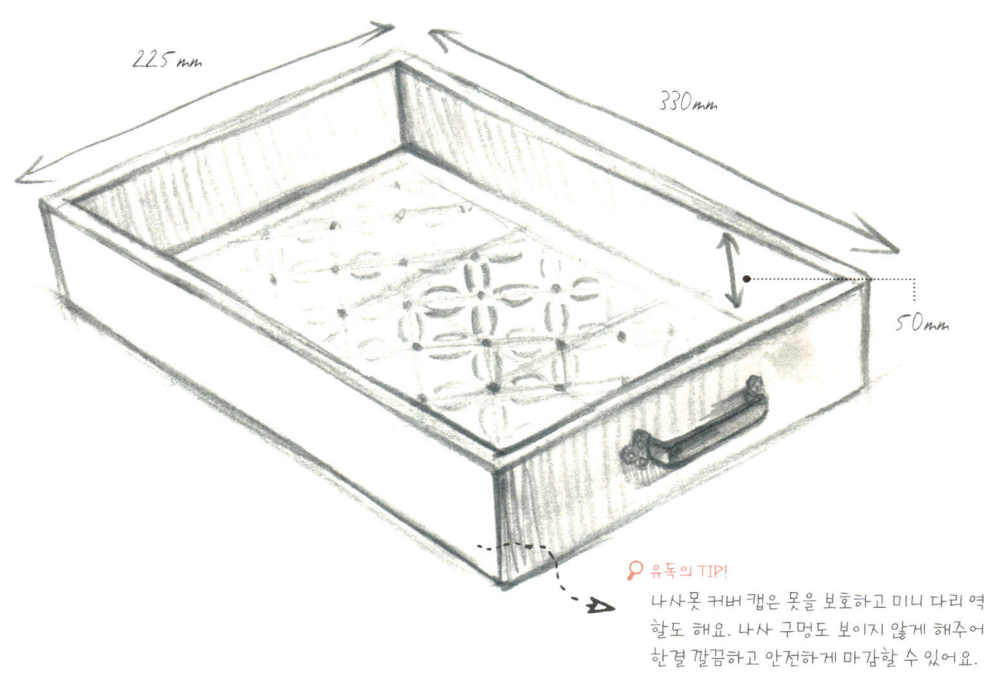

225mm

330mm

50mm

🔍 유독의 TIP!

나사못 커버 캡은 못을 보호하고 미니 다리 역할도 해요. 나사 구멍도 보이지 않게 해주어 한결 깔끔하고 안전하게 마감할 수 있어요.

마감 처리가 훌륭한 북유럽 타일의 심플한 트레이.

요즘 타일은 디자인이나 색감이 다양한 편이랍니다.

타일로 예쁜 트레이를 만들어보세요.

【필요한 목재】

스프러스 15t
① 앞, 뒤판 50*300 – 2개
② 옆판 50*225 – 2개

미송합판 4.5t
① 트레이 바닥 225*330 – 1개

◉ 트레이 만들기

앞, 뒤판

1 트레이 틀을 만든다. 틀이 될 앞, 뒤판에 이중 비트길을 낸다.

옆판

본드 바르기

2 옆판에 목공본드를 바른다.

3 1, 2의 목재를 나사못으로 고정시키면 틀이 만들어진다.

본드 바르기

4 틀 위에 목공본드를 바르고 트레이 바닥이 될 목재를 올린다.

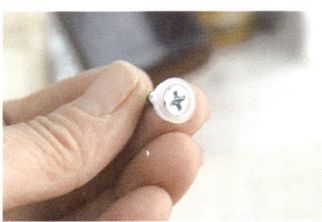

5 나사못 커버 캡 속에 나사못을 끼워준다.

TIP 커버를 끼우면 나사가 밖으로 보이지 않고 바닥도 보호된다.

커버 캡

6 트레이 바닥은 5의 나사못으로 고정시킨다.

커버 캡에
겉 커버를 끼워요.

7 틀의 이중 비트길에는 목공본드를 바르고 목다보를 넣는다.

8 목다보는 목다보톱으로 잘라주고, 전체적으로 모서리 부분을 샌딩한 다음 페인트를 칠한다.

COLOR TIP 더클래시 엔리치 0505Y

TIP 타일 작업을 할 때는 타일을 붙이기 전에 페인팅을 먼저 해주면 줄눈을 닦기 편하고 마무리도 깔끔하다.

9 나사못커버에는 다시 겉 커버를 끼워준다.

🍂 타일 붙이기

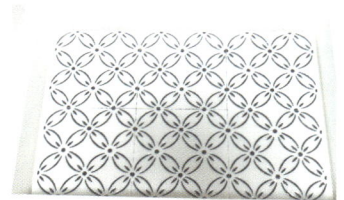

10 북유럽 타일을 트레이에 붙이기 전 미리 한번 놓을 위치를 배치해 본다.

TIP 가장자리에 줄눈을 바를 만큼의 여유를 두고 타일이 중앙에 앉혀지도록 배치한다.

11 타일 접착제를 트레이 바닥에 골고루 바른다. 그다음 10에서 배치해본 대로 타일을 올리고 지긋이 누른다.

13 타일을 붙이고 공간이 남는 곳에는 줄눈제를 사진과 같이 바른다.

14 물티슈를 이용해 줄눈제를 정리해준다.

15 트레이 양옆에 손잡이를 나사못으로 고정시켜 손으로 들기 쉽도록 만든다.

16 심플한 무드의 북유럽 타일 트레이 완성.

삼나무 쌀통

난이도 ★★★☆☆

가격대 40,000원 내외

materials

경첩 2개, 바퀴 4개, 1홀 손잡이 1개

유독의 TIP!

삼나무 쌀통은 뚜껑 지지대과 뚜껑을 연결해 만들었어요. 뚜껑 하나만 몸체에 연결하면 뚜껑을 열 때마다 뒤로 바로 젖혀져 불편하고 경첩의 나사 구멍이 마모되기도 해요. 이럴 때는 얇은 지지대 하나만 더해주어도 뚜껑이 훨씬 견고해진답니다.

주부가 가장 좋아하는 아이템 중 하나인 삼나무 쌀통.

바닥에는 바퀴를 달아 주어 주방 청소 때나 이동을 할 때도

편하게 사용할 수 있답니다. 참고로 10kg짜리 쌀통이에요.

【 필 요 한 목 재 】

삼나무 18t
① 앞, 뒤, 옆판 250*370 – 4개
② 아래판 214*250 – 1개
③ 뚜껑 250*250 – 1개
④ 뚜껑 지지대 50*260 – 1개

◉ 쌀통 만들기

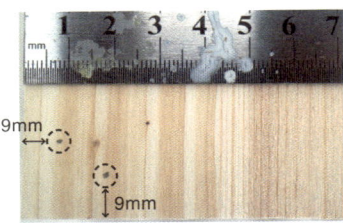

1 앞, 뒤, 옆판에 이중 비트길을 표시
한다.

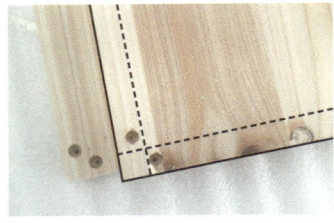

2 드릴을 이용해 구멍을 내준다.

3 옆판에 앞판을 연결해 ㄷ자를 만
든다.

4 아래판과 뒤판도 연결해 박스 형
태를 만든다.

5 이중 비트길에 본드를 바르고 목
다보를 넣는다. 본드가 굳으면 톱
으로 목다보를 자른다.

TIP 목다보를 자를때 목다보톱을 판재와
일자가 되게 평면으로 잘라야 목재
에 상처가 나지 않는다.

🔹 바퀴 고정시키기

6 샌딩기로 전체적으로 부드럽게 샌딩한다.

7 아래판에 바퀴를 올리고 나사못 자리를 표시한다.

8 드릴로 나사못이 들어갈 길을 내준다.

9 바퀴를 위치에 놓고 나사못으로 고정시킨다.

10 쌀통 바깥면에 스테인을 칠한다.
COLOR TIP 아이생각 수성스테인 참나무색

11 스테인이 다 마르고 나면 스텐실을 이용해 쌀통을 꾸며준다.

🔹 쌀통 뚜껑 만들기

12 뚜껑과 뚜껑 지지대를 준비하고 원하는 색으로 페인트를 칠한다.
COLOR TIP 뚜껑 : 더클래시 엔리치 0505-Y
뚜껑 지지대 : 아이생각 수성스테인 참나무색

13 쌀통 상단의 뒤쪽에 목공본드를 바른다.

14 목공본드를 바른 곳에 뚜껑 지지대를 붙이고 그 위에 무거운 책을 올려 고정한다.

15 뚜껑 안쪽에 손잡이가 달릴 지점을 표시한다.

16 앞에서 표시한 곳에 구멍을 내고 손잡이 나사못을 넣는다.

17 뚜껑 바깥쪽에 손잡이를 놓고 해머드릴로 나사못을 꽉 조인다.

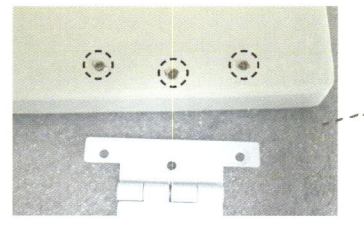

18 뚜껑 바깥쪽에 경첩 자리를 표시하고 이중 비트길을 낸 다음 경첩을 연결한다.

19 뚜껑 지지대에도 경첩 자리를 표시하고 이중 비트길을 내준다.

20 뚜껑을 뚜껑 지지대에 나사못으로 연결한다.

21 삼나무 향이 가득한 삼나무 쌀통 완성.

TIP 혹시 벌레가 생길까 걱정이 된다면 식품 유지제를 쌀과 함께 쌀통에 넣어주면 된다.

KITCHEN 5

양념통
선반

난이도 ★★☆☆☆

가격대 20,000원 내외

COOKING

KICHEN

materials

버섯 다보 8개

🔍 유독의 TIP!
세 가지 목재가 만나는 지점이 있으
므로 나사못이 겹치지 않게 주의합
니다. 나사못을 어디에 박는지 머릿
속에 미리 그려보고 작업하세요.

공간을 많이 차지하지 않는 양념통 선반이에요.

보조 조리대부터 개수대까지,

주방 어디에나 어울리는 맞춤 사이즈랍니다.

【 필요한 목재 】

뉴송 15t
① 앞. 뒤판 50*700 – 4개
② 옆판 100*360 – 2개
③ 중간, 아래 선반 100*670 – 2개

선반의 폭을 줄이고 싶다면
옆판을 뺀 나머지 목재를
각각 똑같은 길이로 줄이면 돼요

● 선반 만들기

1 옆판을 준비한다. 옆판 상단에 둥 근 물체를 대고 선을 긋는다.

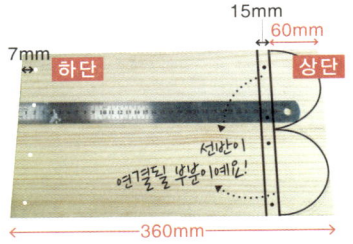

2 사진과 같이 옆판에 30cm 이상 의 자를 놓는다. 옆판 하단에는 7mm 지점에 이중 비트길을 표시 하고 상단에 두께 15mm의 목재 가 붙을 부분을 표시한다.

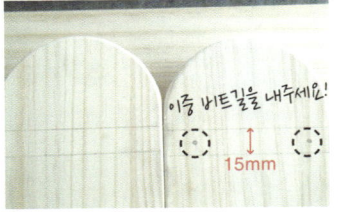

3 1에서 그린 둥근 선 부분을 직소 기로 자르고 샌딩한다.

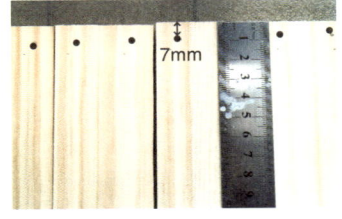

4 앞. 뒤판을 준비한다. 끝에서부터 7mm 지점에 사진과 같이 이중 비트길을 표시한다.

표시한 곳에 이중 비트길을 내줍니다.
샌딩도 잊지 마세요!

5 목재 전체에 우드바니시를 바른다.

6 우드바니시가 마르면 800방 사포로 목재를 다듬고 우드바니시를 다시 한 번 바른다.

7 옆판 하단에 아래 선반을 나사못으로 연결한다.

8 2에서 표시한 곳에 중간 선반도 나사못으로 연결한다.

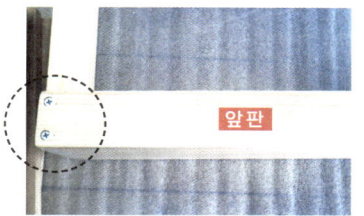

9 아래 선반에 앞판도 나사못으로 연결한다. 아래쪽의 선반이 완성.

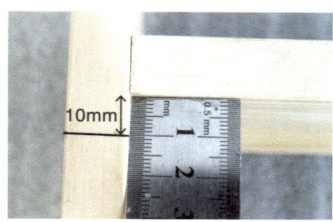

10 이제 상단의 선반을 완성해줄 차례. 상단 아래에서 10mm 지점을 표시한다.

11 앞에서 표시한 부분에 앞판 하단을 맞추고 나사못으로 연결한다.

TIP 보이지 않는 양념 선반의 뒷부분은 나사못으로만 연결하므로 목다보가 들어갈 만큼 깊게 박지 않아도 된다.

버섯 다보를 이용하니 목재 가구 느낌이 훨씬 나죠?

12 선반 앞부분에는 버섯 다보를 이용해 이중 비트길을 막아준다.

TIP 선반과 앞판, 뒤판의 나사못이 서로 겹치지 않게 작업한다.

13 선반은 레터링을 이용해 꾸미고 완성되면 주방에 놓는다.

14 주방 양념 선반 완성.

KITCHEN 6

접시
수납대

난이도 ★★★☆☆

가격대 **80,000원** 내외
사이즈(소 기준)

materials

접시 받침대 철물 소(2개), 대(2개)

철물 구입처 : blog.naver.com/kwm8807(철물 주문 제작 사이트)

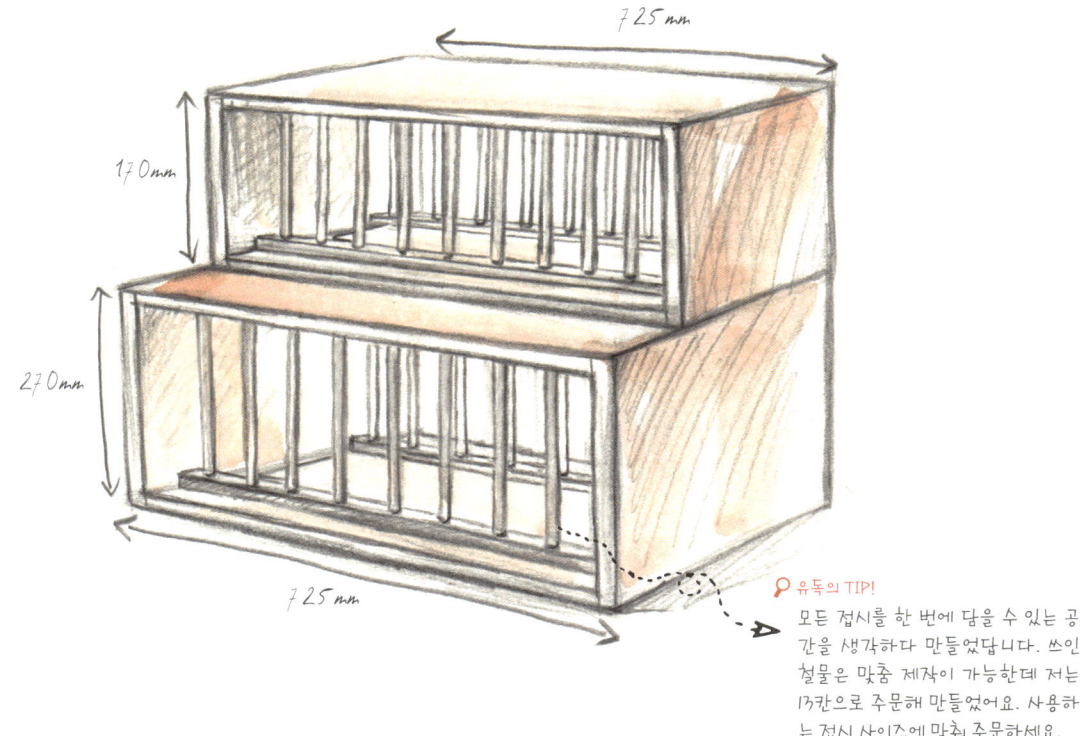

725 mm

170 mm

270 mm

725 mm

🔎 유독의 TIP!

모든 접시를 한 번에 담을 수 있는 공
간을 생각하다 만들었답니다. 쓰인
철물은 맞춤 제작이 가능한데 저는
13칸으로 주문해 만들었어요. 사용하
는 접시 사이즈에 맞춰 주문하세요.

다양한 접시를 한 곳에 수납할 수 있는 접시 수납대예요.

이 수납대는 접시를 세워서 보관할 수 있기 때문에

정말 실용적이랍니다.

【필요한 목재】

뉴송 15t

– 접시 수납대(소)
① 위, 아래판 170*725 – 2개
② 옆판 170*232 – 2개

– 접시 수납대(대)
① 위, 아래판 270*725 – 2개
② 옆판 270*332 – 2개

1 접시 수납대(소)를 만든다. 옆판을 준비하고 네 모서리마다 이중 비트길을 낸다.

2 옆판과 아래판을 코너클램프로 단단히 고정한 다음 나사못으로 연결한다.

TIP 코너클램프는 90도 각도로 물체를 고정할 때 사용하는 도구.

3 나머지 옆판도 연결해 ㄷ자를 만들고 샌딩해준다.

4 스테인을 바른다.

COLOR TIP 아이생각 수성스테인 호두나무색

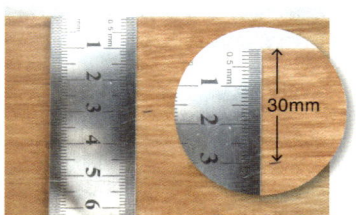

5 철물을 연결하기 위해 아래판을 놓고 바깥쪽에서 30mm 지점을 표시한다.

6 앞에서 표시한 곳에 맞추어 철물을 드릴로 연결한다.

7 위판을 올리고 옆판과 나사못으로 연결한다.

8 접시 수납대를 뒤집어준다.

9 위판도 철물을 6과 같이 고정한다.

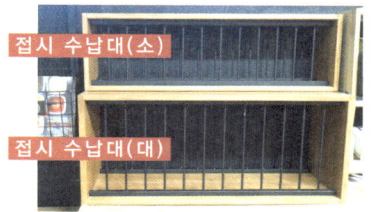

접시 수납대(소)

접시 수납대(대)

10 5~9를 반복해 접시 수납대(대)도 만든다.

11 접시 수납대(소)에는 반찬용 접시 와 앞 접시를 세워서 보관한다.

TIP 작은 접시는 한 칸에 두세 장씩 보관 할 수 있어 더 실용적이다.

12 접시 수납대(대)에는 메인 접시 등 을 위주로 보관한다.

13 세워서 보관하기 좋은 접시 수납 대 완성.

키친타월
홀더 스탠드

난이도 ★★☆☆☆

가격대 10,000원 내외

materials

스탠드형 원목 키친타월 홀더, LED 전구, 레트로 소켓, 전기 플러그

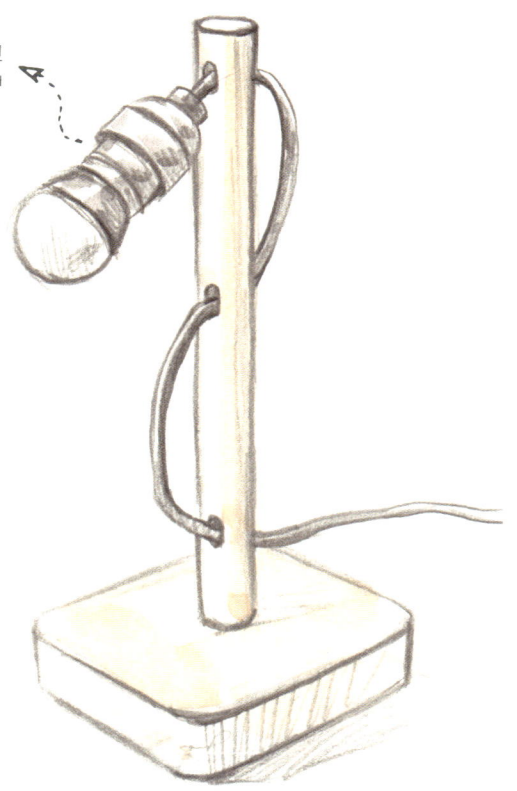

🔍 유독의 TIP!
조명은 자체 스위치가 달린
것으로 구입하면 작업이 더
쉬워집니다.

사용하지 않는 주방 키친타월 홀더를 이용해 만든 심플한 스탠드예요.

나무로 된 홀더에 레트로 소켓을 더했더니

감성적인 스탠드가 완성되었답니다.

1 나무로 된 키친타월 홀더를 준비
한다.

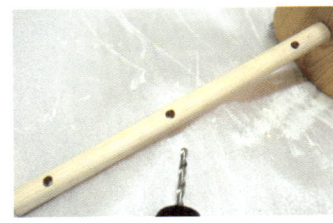

2 키친타월을 뺀 홀더에 드릴을 이
용해 3개의 구멍을 뚫어준다.

TIP 취향에 따라 구멍 개수를 조절해도
좋다.

3 사포를 동그랗게 말아 사진과 같
이 구멍을 부드럽게 다듬는다.

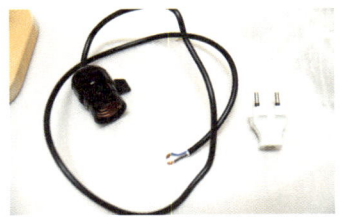

4 레트로 소켓(좌)과 전기 플러그(우)
를 준비한다.

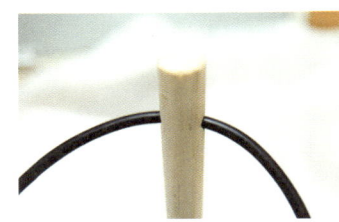

5 소켓의 전선을 사진과 같이 홀더
구멍에 넣어준다.

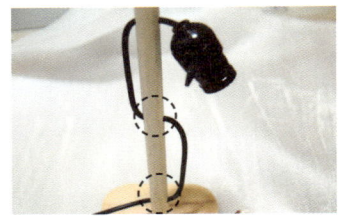

6 구멍에 전선을 차례로 통과시킨다.

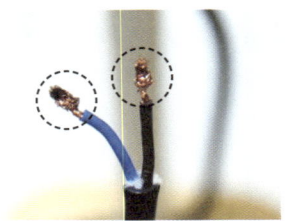

7 전선 끝부분의 피복을 벗겨낸다.

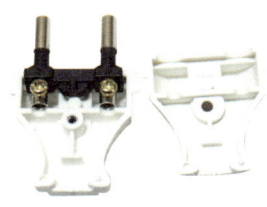

8 드라이버로 전기 플러그의 나사를
풀러 사진과 같이 분해한다.

9 전기 플러그 윗부분의 나사도 돌
려 반 정도 풀어준 다음, 구멍 안
으로 피복을 벗긴 9의 전선을 하
나씩 넣어준다.

10 전선을 다 넣은 다음 다시 나사를 조여서 고정시킨다.

11 10에서 분해한 커버를 다시 끼우고 겉면의 나사를 조여준다.

12 LED 전구를 소켓에 끼우고 시계 방향으로 돌려준다.

13 사용하지 않는 키친타월 홀더로 만든 LED 스탠드 완성.

참고하세요 ☞

책은 전선이 연결된 소켓을 사용했으나 영상에서는 소켓과 전선을 각각 따로 사용했어요. 그래서 소켓과 전선을 연결하는 과정을 영상에서 설명합니다. 전선이 연결된 소켓을 구입하지 않아도 쉽게 만들 수 있어요.

커트러리
보관함

난이도 ★★☆☆☆

가격대 2,000원 내외

materials

미닫이 뚜껑이 있는 홍삼 상자 2개, 미니 우드 손잡이 1개

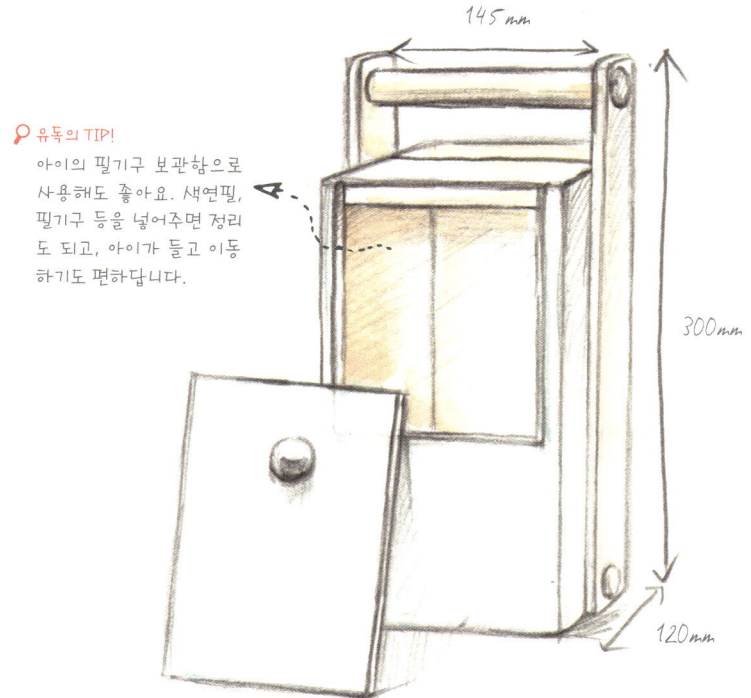

🔍 유독의 TIP!
아이의 필기구 보관함으로
사용해도 좋아요. 색연필,
필기구 등을 넣어주면 정리
도 되고, 아이가 들고 이동
하기도 편하답니다.

튼튼한 홍삼 상자를 리폼해 만든 커트러리 보관함이에요.

미닫이 뚜껑이 있는 상자는

더욱 유용한 아이템으로 재활용할 수 있어요.

【필요한 목재】

삼나무 12t
① 30*300 – 2개

목봉 15t
① 100 – 1개

✎ 커트러리 보관함 만들기

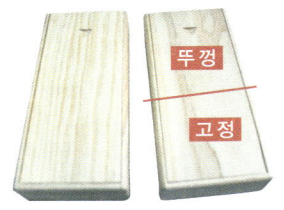

뚜껑
고정

1 미닫이 뚜껑이 있는 홍삼 상자 두 개를 준비한다.

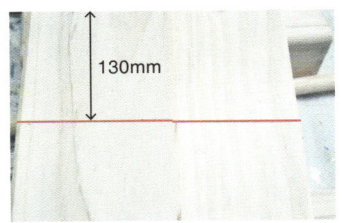

130mm

2 뚜껑을 따로 빼고 뚜껑 위에서 130mm 지점을 선으로 표시한다.

뚜껑 윗부분
뚜껑 아랫부분

3 2에서 표시한 선을 기준으로 사진 과 같이 잘라준다.

본드 바르기

4 뚜껑 아랫부분이 끼워질 홍삼 상 자의 홈에 목공본드를 바른다.

5 4에 뚜껑 아랫부분을 끼우고 메꿈이로 공간을 메워준다.

6 상자와 뚜껑 윗부분을 각각 다른 컬러로 페인트를 칠한다. 페인트가 마르면 뚜껑 윗부분은 상자에 끼워 사용한다.

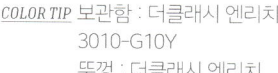

COLOR TIP 보관함 : 더클래시 엔리치
3010-G10Y
뚜껑 : 더클래시 엔리치
S3030-B50G

7 페인트가 마르고 나면 상자의 뒷부분에 목공본드를 바른다.

8 홍삼상자 두 개를 뒷면끼리 마주보게 한 다음 마스킹테이프로 붙여준다. 기본 상자 완성.

9 뚜껑 윗부분에 손잡이가 붙을 곳을 나사못으로 길을 내준다.

10 후면 고정용 1홀 우드 손잡이를 목공본드로 붙인다.

11 뚜껑 하단에 레터링 스티커를 이용해 'SPOON' 혹은 'FORK'를 레터링한다.

다른 글자도 좋아요!

손잡이 만들기

12 커트러리 보관함을 쉽게 들 수 있 도록 손잡이를 만든다. 손잡이가 될 목재의 양 끝에 이중 비트길을 내고 목봉에도 구멍을 내준다.

13 손잡이에 목봉을 끼워 나사못으로 연결한다.

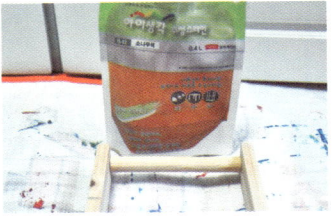

14 손잡이 목재에 스테인을 바른다.

COLOR TIP 아이생각 수성스테인 소나무색

15 고정된 손잡이 목재 안쪽에 목공 본드를 바른다.

16 손잡이를 상자 가운데에 나사못으 로 연결하고 가장 아랫부분도 나 사못으로 한 번 더 고정한다.

17 홍삼 상자로 만든 튼튼한 커트러 리 보관함 완성.

"홍삼 상자의 놀라운 변신!
커트러리를 더 깔끔하게 보관할 수 있어요."

3

침실

BED
ROOM

우리 세 가족의 침실이에요. 집의 정중앙에 위치한 덕에 조명을 켜지 않으면 어두워서 잠들기 딱 좋은 아지트입니다. 창문에는 격자창을 달아주었고 벽에는 톤다운 된 컬러로 페인트를 칠했어요. 숙면을 취해야 하는 곳인 만큼 조명이 중요하다 생각해 통나무 조명, 죽부인 LED 조명 등 어디에서도 볼 수 없었던 특별한 아이템을 소개할게요.

빈티지
수납함

goal

페인트 칠하기

난이도 ★★★☆☆

가격대 50,000원 내외

materials

양초, 손잡이 2개, 경첩 2개

🔎 유독의 TIP!
좋아하는 컬러를 상도 페인트로 쓰고
하도 페인트는 평소 마음껏 사용하
기 힘들었던 과감한 컬러를 택해 칠
해보세요. 작업 후 은은하게 드러나
는 하도 컬러가 개성 있어요.

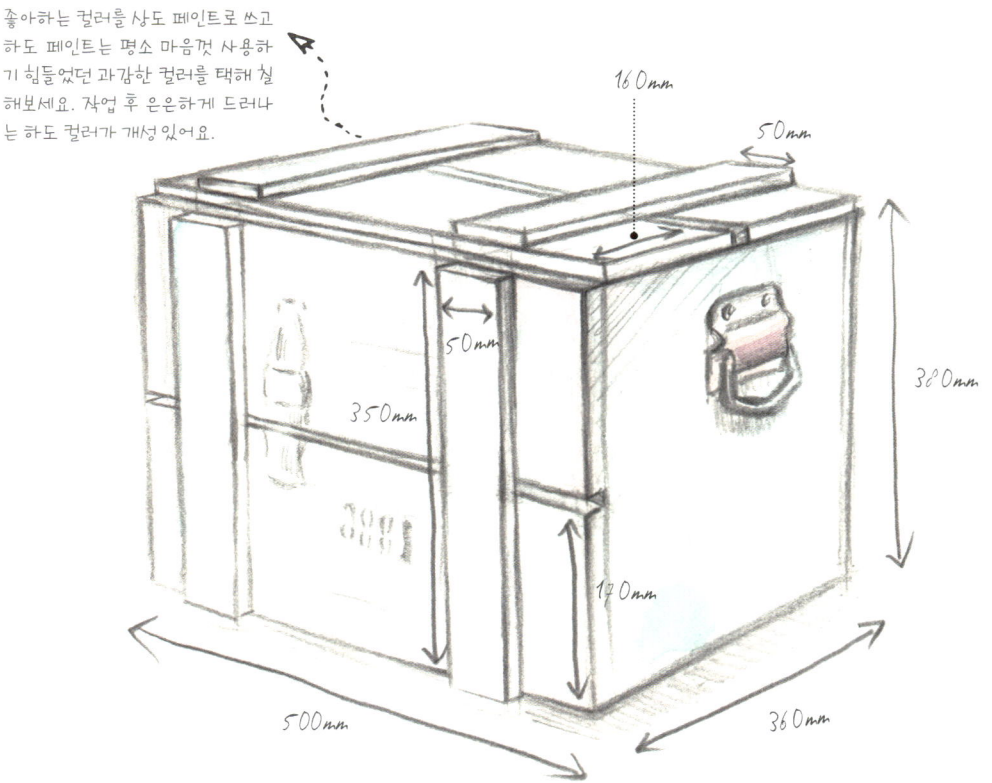

블랭킷이나 쿠션, 아이 장난감을 보관하기 좋은

커다란 빈티지 수납함이에요.

아이 방에 두면 간이 벤치도 된답니다.

【필요한 목재】

뉴송 15t
① 앞, 뒤판 170*500 – 4개
② 앞, 뒤판 지지대 50*350 – 4개
③ 옆판 300*350 – 2개
④ 아래판 300*470 – 1개
⑤ 뚜껑 160*500 – 2개
⑥ 뚜껑 지지대 50*330 – 2개

● 목재 조립해 박스 형태 만들기

52p 참고.

1

옆판과 아래판을 목공본드와 타카를 이용해 ㄷ자로 연결한다.

2

앞판을 연결한다. 앞판 2개는 10mm 정도의 간격을 두고 연결한다

3

뒤판도 2와 같은 방법으로 연결한다.

4

앞, 뒤판의 지지대를 준비하고, 한 면에 본드를
바른다.

타카로 고정시켜주세요!

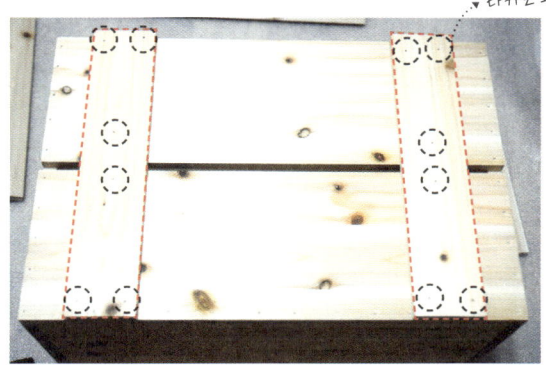

5

지지대는 앞, 뒤판 위 적당한 위치에 붙인 다음
타카로 고정한다.

뚜껑도 2~5의 과정을 똑같이 해 만들어준다. 뚜껑 지지대도 연결한다.

🍃 샌딩하기

54p 참고.

7

모서리 위주로 샌딩해준다.

페인트 칠하기 – 상도, 중도, 하도

페인트는 여러 번 칠해야 색이 잘 나옵니다. 페인트의 작업 순서는 크게 하도, 중도, 상도로 나뉩니다. 하도를 가장 먼저 칠하고 중도와 상도를 이어서 칠합니다. 하도는 덧칠되기 전 착색이 잘 되도록 해주는 역할을 해요. 하도용, 상도용 페인트는 시중에서 구분해 팔고 있으니 필요한 제품을 알맞게 구입하도록 합니다.

8

모서리 부분을 위주로 하도 페인트를 칠한다.

COLOR TIP 더클래시 아토프리 레드

TIP 가구에 빈티지한 느낌을 표현하기 위해 페인트를 상도와 하도, 즉 투톤으로 나누어 칠한다. 하도 페인트를 먼저 칠하고 위로 상도 페인트를 바른 다음 상도가 마르면 쇠 자 등으로 벗겨내 하도 컬러가 보이도록 즉업해준다. 이러한 투톤 페인팅은 하도와 상도를 대비되는 컬러로 선택해야 잘 표현된다.

9

빈티지한 소품을 만들기 위해 나중에 페인트를 벗겨낼 곳에 양초칠을 해준다.

TIP 초칠을 하고 난 후에는 양초 덩어리를 꼭 제거해준다.

10

상도 페인트를 칠한다.

COLOR TIP 더클래시 아토프리 SHS 5010 B70G

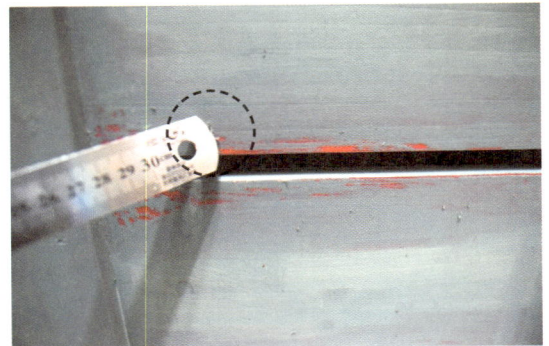

11

쇠 자를 이용해 양초칠한 부분을 벗겨낸다.

12

상도를 한 번 더 칠해준다.

13

상도가 마르면 쇠 자를 이용해 칠한 부분을 다시 벗겨낸다.

14

쇠 자로 두 번 정도 페인트를 벗기는 과정을 반복하면 빈티지함이 더욱 살아나고 자연스러워진다.

● **경첩 연결하기**

15

뚜껑 안쪽에 경첩을 나사못으로 연결한 다음, 수납함 몸통 안쪽도 나사못으로 연결한다.

스텐실하기

55p 참고.

16

스텐실로 빈티지 트렁크를 꾸민다.

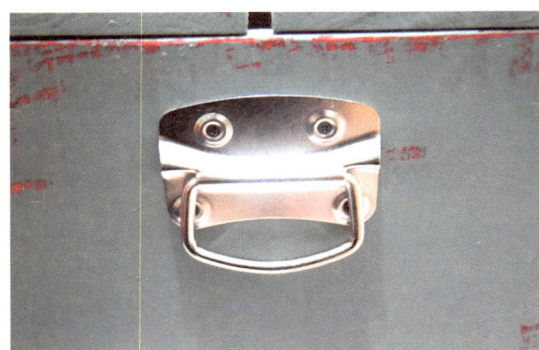

17

트렁크 양쪽 옆부분에 손잡이를 달아준다.

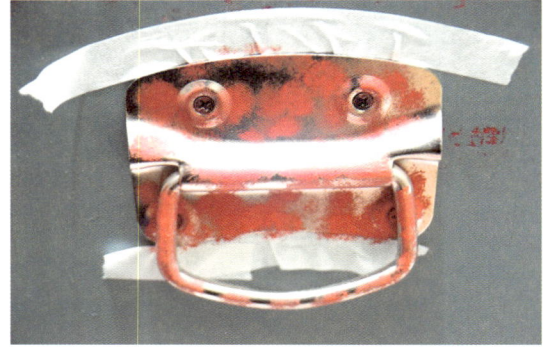

18

스텐실 붓을 이용해 하도 페인트를 손잡이에 발라준다.

19

하도가 건조되면 상도 페인트도 바른다.

20

가을을 닮은 빈티지 수납함 완성.

멀티탭
보관함

난이도 ★★☆☆☆

가격대 10,000원 내외

materials

손잡이, 경첩 2개, 잠금 고리

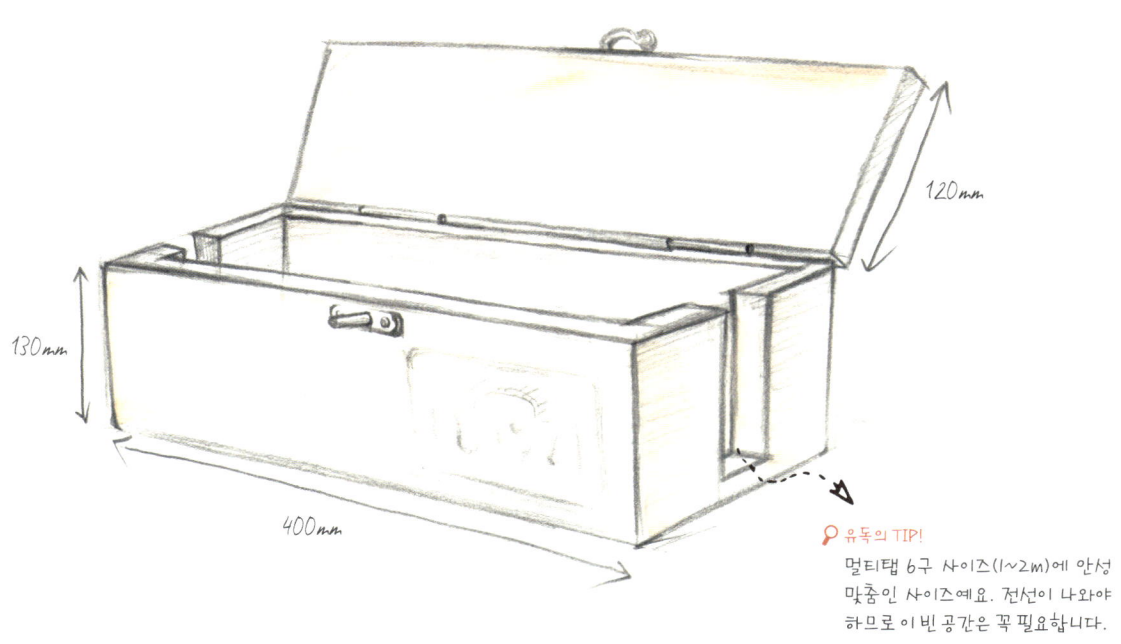

130㎜

400㎜

120㎜

🔍 유독의 TIP!
멀티탭 6구 사이즈(1~2m)에 안성
맞춤인 사이즈예요. 전선이 나와야
하므로 이 빈 공간은 꼭 필요합니다.

선이 긴 멀티탭을 숨겨주는 보관함이에요.

멀티탭은 따로 정리해주지 않으면 참 보기 싫더라고요.

그래서 멀티탭과 여러 콘센트를 깔끔히 정리하는 보관함을 만들어 보았답니다.

【 필요한 목재 】

삼나무 15t
① 앞, 뒤판 100*400 – 2개
② 옆판 30*100 – 4개
③ 아래판, 뚜껑 120*400 – 2개

1 목재를 준비한다.

타카로 고정해주세요!

옆판 뒤판 옆판
앞판

2 앞판, 뒤판의 양쪽에 옆판을 하나 씩 붙여준다.

아래판
본드 바르기

3 옆판을 연결한 앞, 뒤판에 목공본 드를 바르고 아래판을 올려 타카 로 고정시켜준다.

4 전체적으로 샌딩해준다.

5 멀티탭 보관함과 뚜껑용 목재에 스테인을 바른다.
COLOR TIP 아이생각 수성스테인 소나무색

6 나사못으로 뚜껑에 경첩을 연결해 준다.

7 경첩을 몸통에 고정해 뚜껑과 연결해준다.

8 보관함 앞에 나사못으로 잠금 고리를 달아준다.

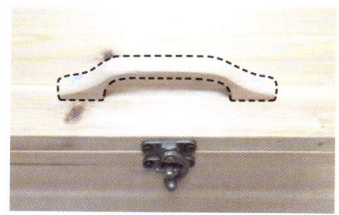

9 뚜껑에는 보관함을 손으로 들 수 있도록 나사못으로 손잡이를 연결한다.

10 스텐실을 이용해 멀티탭 보관함을 꾸며준다.

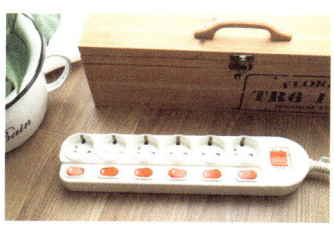

11 멀티탭을 준비한다.

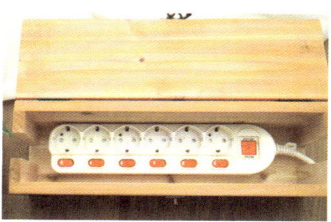

12 멀티탭을 보관함에 넣고 콘센트를 꽂은 후 뚜껑을 닫아 사용한다.

13 보기 싫은 멀티탭을 숨겨주는 보관함 완성.

병뚜껑
만년 달력

난이도 ★★☆☆☆

가격대 10,000원 내외

NICE! ③

SUN	MON	TUE	WED	THU	FRI	SAT
1	2	3	4	5	6	7
8	9	10	11	12	13	14
15	16	17	18	19	20	21
22	23	24	25	26	27	28
29	30	31				

materials

병뚜껑(달 병뚜껑 1개, 요일 병뚜껑 7개, 날짜 병뚜껑 31개 이상,
기타 병뚜껑 5개 내외), 철지, 자석, 접착제

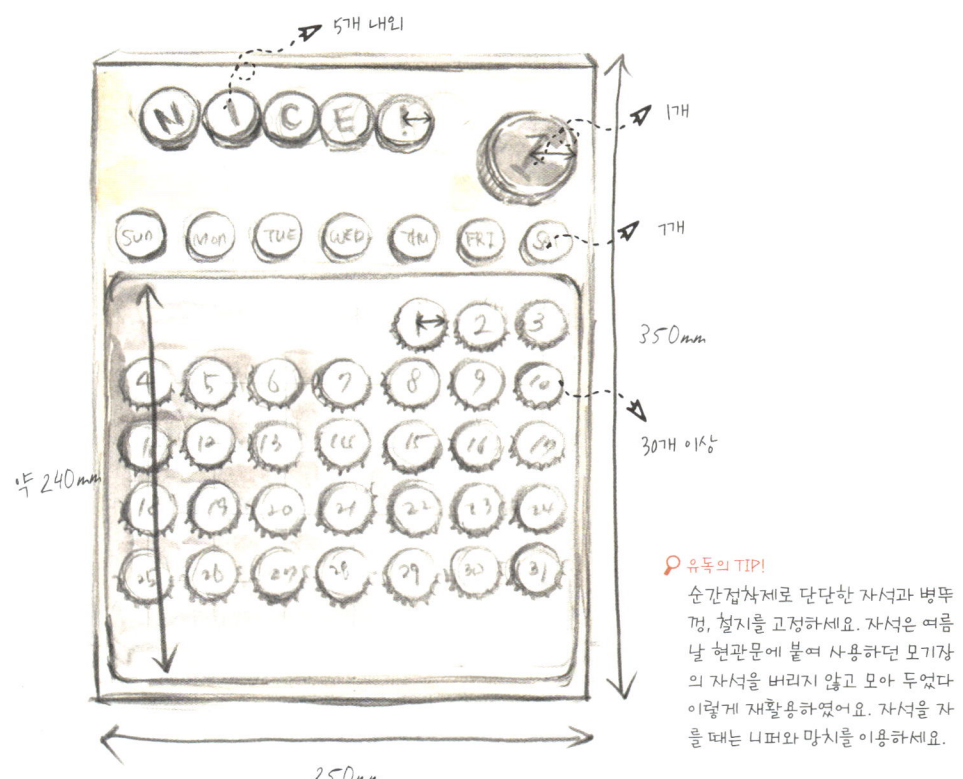

유독의 TIP!
순간접착제로 단단한 자석과 병뚜
껑, 철지를 고정하세요. 자석은 여름
날 현관문에 붙여 사용하던 모기장
의 자석을 버리지 않고 모아 두었다
이렇게 재활용하였어요. 자석을 자
를 때는 니퍼와 망치를 이용하세요.

아이가 주로 먹는 요구르트병의 뚜껑과

저희 부부가 오붓하게 한잔하고 남은 맥주병 뚜껑으로 만든 만년 달력이에요.

자석을 사용해 만들면 달이 바뀔 때마다 병뚜껑의 위치를 옮겨 쓸 수 있답니다.

【 필요한 목재 】

삼나무 15t
① 250*350 – 1개

날짜용 병뚜껑

1 맥주병 뚜껑에 젯소를 바른 후 흰 색 페인트를 칠한다.

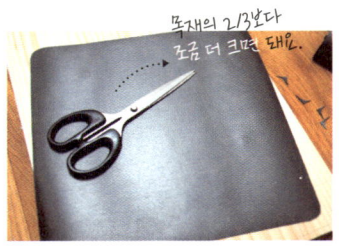

목재의 2/3보다
조금 더 크면 돼요.

2 준비한 철지는 달력용 목재보다 작은 사이즈로 자른다.

3 철지 뒷면에 접착제를 바르고 목 재에 붙인다.

4 달을 표시할 큰 병뚜껑에도 철지 를 잘라 붙인다.

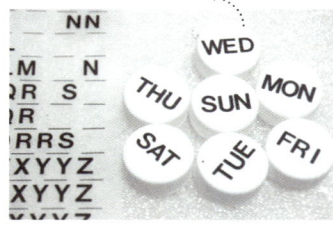

요구르트병 뚜껑을
사용해요!

5 중간 사이즈의 병뚜껑 위에 요일 을 레터링 스티커로 붙인다.

TIP 레터링이 없을때는 손글씨도 좋다.

6 젯소와 페인트가 마른 맥주병 뚜 껑에 날짜용 숫자 1~31을 레터 링한다.

7 맥주병 뚜껑 안쪽에 자른 자석을 접착제로 고정한다.

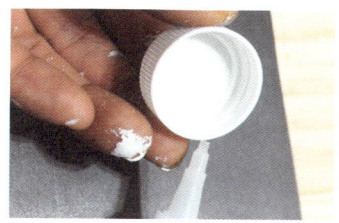

8 레터링 스티커를 붙인 5의 병뚜껑에 접착제를 바른다.

9 철지를 붙인 목재에 요일용 병뚜껑을 붙인다.

10 원하는 문구를 레터링한 병뚜껑도 상단에 접착제로 고정한다.

11 날짜를 레터링하고 자석을 붙인 맥주병 뚜껑은 철지에 붙여준다.

12 철지를 붙인 큰 병뚜껑에는 분필로 해당 달을 적어주면 된다.

13 다양한 병뚜껑으로 만든 만년 달력 완성.

오토만

난이도 ★★★ ☆ ☆
가격대 50,000원 내외

materials

원단(550*550), 스펀지 5t(400*400), 바퀴 4개

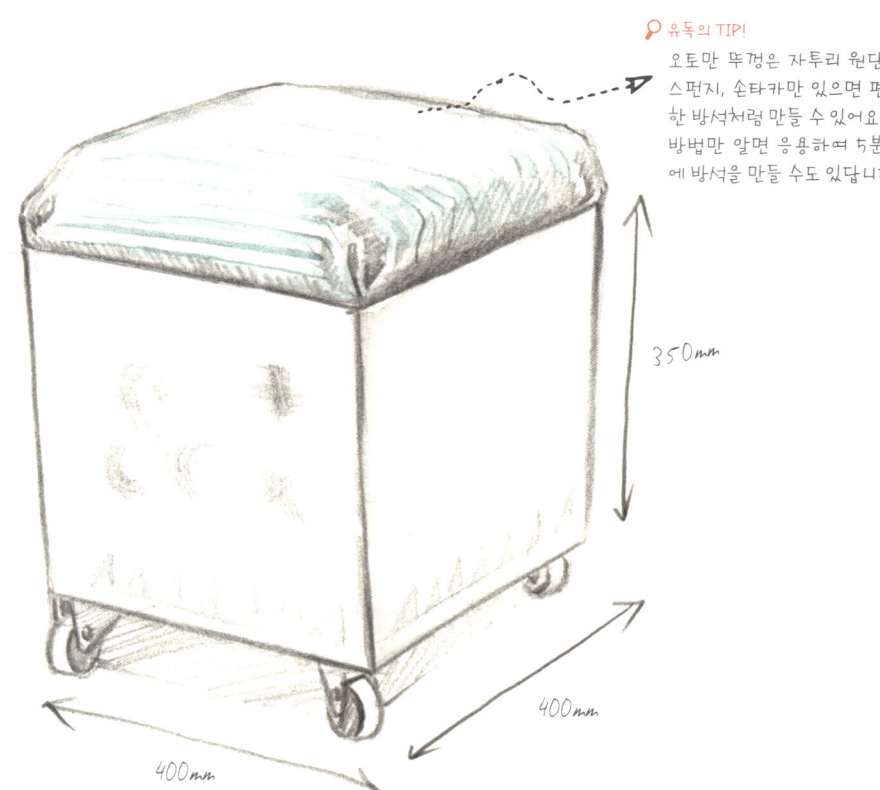

🔍 유독의 TIP!

오토만 뚜껑은 자투리 원단과 스펀지, 손타카만 있으면 편안한 방석처럼 만들 수 있어요. 이 방법만 알면 응용하여 5분만에 방석을 만들 수도 있답니다.

350mm

400mm

400mm

소파 대용으로 쓰거나 침실 용품을 수납할 수도 있는 오토만이에요.

바퀴가 달려 있어 아이가 앉아 놀기도 해요.

자주 사용하지는 않아도 꼭 필요한 물품을 담아 놓기 좋은 수납 공간이랍니다.

【필요한 목재】

스프러스 18t
① 앞, 뒤판 400*314 − 2개
② 옆판 364*314 − 2개
③ 아래판, 뚜껑 400*400 − 2개
④ 뚜껑 지지대 30*350 − 2개,
    30*290 − 2개

🔩 오토만 기본 형태 만들기

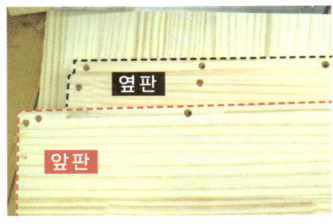

1 앞판과 옆판 2개에 이중 비트길을 낸다.

TIP 18t 목재이므로 양끝에서 9mm 지점에 비트길을 낸다.

2 앞판과 옆판 2개를 코너클램프를 이용해 직각으로 고정하고 나사못으로 연결한다.

3 2에 아래판을 올리고 고정해 박스 형태를 만든다.

4 이중 비트길에 본드를 바르고 목다보를 넣는다.

5 아래판을 뒤집어 바퀴를 달아준다.

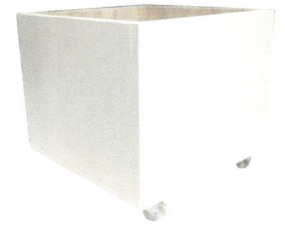

6 목다보를 톱으로 잘라내고 샌딩 후 페인트를 칠한다.

COLOR TIP 더클래시 엔리치 0505-Y

7 스텐실로 오토만을 꾸며준다.

TIP 55p 참고.

● 뚜껑 만들기

뚜껑
스펀지
원단

스펀지가 들어 있어 폭신한 쿠션이 되는 뚜껑이랍니다.

8 준비한 원단 위에 스펀지와 뚜껑을 차례로 올린다.

9 원단을 뚜껑에 올리고 손타카로 고정한다.

10 모서리 부분만 남기고 원단을 목재에 고정한다.

11 모서리는 넥타이 끝부분처럼 접어 타카로 고정한다.

12 11의 모서리 양옆을 사진과 같이 손으로 잡아준다.

13 원단이 만나는 지점을 손카타로 고정하고 남은 원단은 잘라낸다.

14 뚜껑 지지대를 원단 위에 나사못으로 고정한다.

15 수납이 가능한 오토만 완성.

이동식
사이드테이블

난이도 ★★★☆☆

가격대 **30,000원** 내외

materials

바퀴(캐스터) 3개

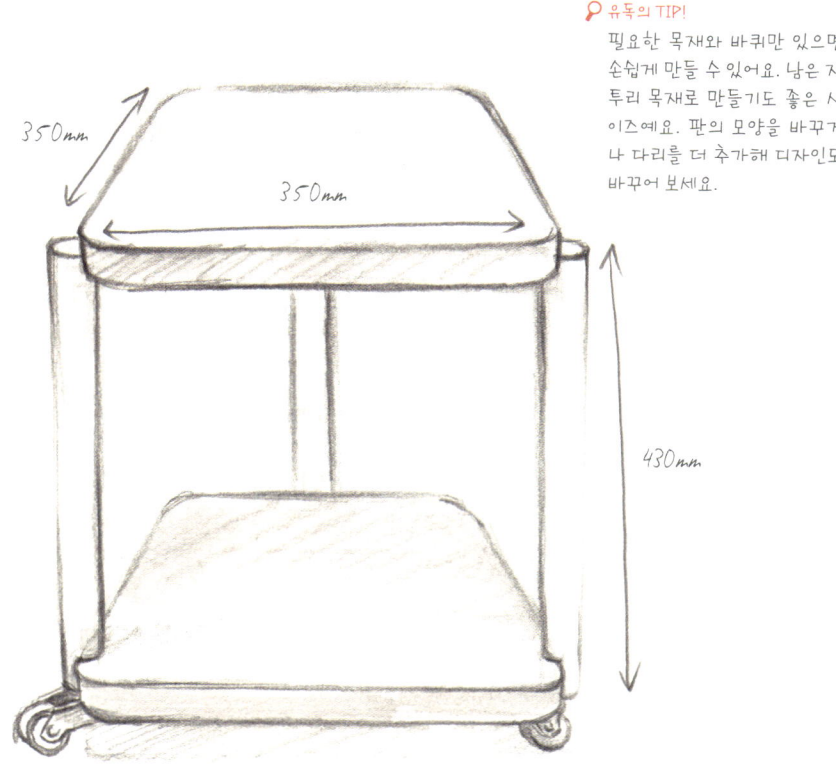

350mm

350mm

430mm

♀ 유독의 TIP!

필요한 목재와 바퀴만 있으면
손쉽게 만들 수 있어요. 남은 자
투리 목재로 만들기도 좋은 사
이즈예요. 판의 모양을 바꾸거
나 다리를 더 추가해 디자인도
바꾸어 보세요.

침대 옆에 꼭 필요한 사이드 테이블이에요.

잠자리에 들기 전 읽는 책을 올려두거나

스마트폰을 놓기에도 좋지요.

【필요한 목재】

삼나무 15t
① 위판, 아래판 350*350 − 2개
② 목봉 400(지름 30) − 3개

1 위판과 아래판의 모서리를 둥글게 잘라내고 사포로 다듬는다.

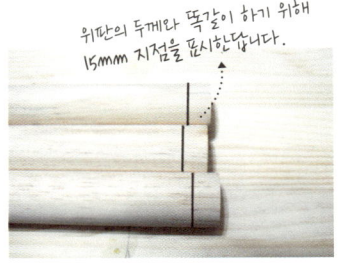

위판의 두께랑 똑같이 하기 위해 15mm 지점을 표시한답니다.

2 목봉은 아래의 그림을 참고해서 양쪽 모두 끝에서부터 15mm 지점을 선으로 표시해준다.

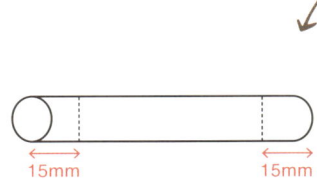

15mm   15mm

3 앞에서 표시한 15mm 지점을 직소기로 자른다. 단, 반드시 목봉의 절반만 잘라내도록 한다.

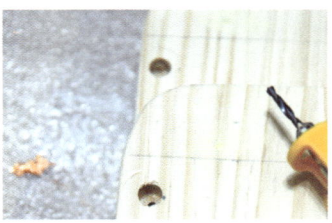

4 위판과 아래판에 드릴로 이중 비트길을 낸다.

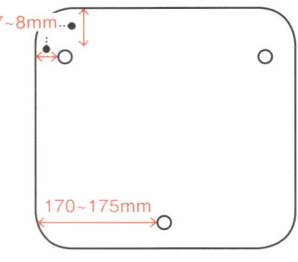

7~8mm

170~175mm

* ○ 이중 비트길 위치

5 3에서 자른 목봉의 단면에 목공본
드를 바르고 위판을 얹은 후 나사
못으로 고정한다. 목봉 세 개 모두
이와 똑같이 위판에 연결해준다.

6 테이블을 뒤집어서 아래판도 5의
방법으로 목봉과 연결한다.

7 목봉과 위판, 아래판을 모두 연결
한 다음, 목봉과 목재의 틈 사이를
메꾸미로 메워준다.

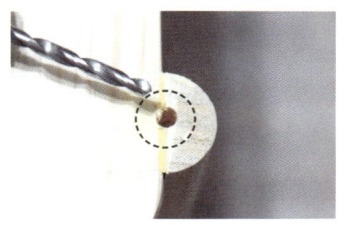

8 테이블의 아랫부분을 놓고 바퀴를
붙일 곳에 드릴을 이용해 구멍을
내준다.

9 화이트 색상으로 테이블 전체에
페인트를 칠한다.
COLOR TIP 더클래시 엔리치 S0300N

10 페인트가 마르면 스텐실로 위판을
꾸며 주고 바니시로 마감한다.

11 바니시가 마르면 뒤집어서 바퀴를
연결한다.

12 이동이 편리한 화이트톤의 사이드
테이블 완성.

BED ROOM 5

종이 상자
탁상시계

난이도 ★ ☆ ☆ ☆ ☆

가 격 대 3,000원 내외

materials

종이 상자, 절연테이프, 시계 무브, 시계 바늘, 훅걸이

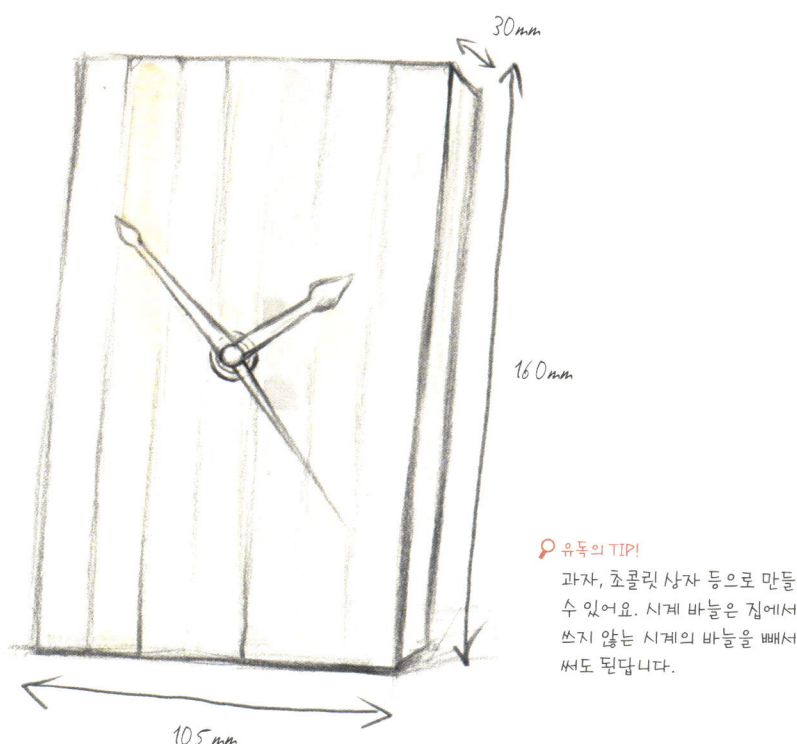

30mm

160mm

105mm

🔍 유독의 TIP!
과자, 초콜릿 상자 등으로 만들
수 있어요. 시계 바늘은 집에서
쓰지 않는 시계의 바늘을 빼서
써도 된답니다.

업사이클링 아이템인 종이 상자 탁상시계예요.

선물받은 휴대폰 보조 배터리가 들어 있던 종이 상자를

절연테이프로 꾸며 시계로 만들어 보았어요.

1 작은 종이 상자를 준비한다.

2 상자 앞면에 시계가 들어갈 상자의 중심을 표시한다.

지름 약 10mm

3 앞에서 표시한 곳에 지름 10mm 정도의 구멍을 뚫는다.

4 일정한 간격으로 절연테이프를 한 줄씩 상자에 붙여준다.

5 테이프 끝부분은 여유 있게 잘라 밖에서 보이지 않도록 뚜껑 안쪽으로 넣는다.

6 시계 무브를 준비한다. 무브에서 원형 링과 육각 링을 빼낸다.

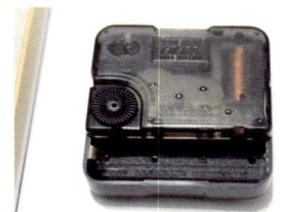

7 무브는 종이 상자 뒷면에 놓고 중앙의 구멍에 끼운다.

8 상자 앞면에 6에서 빼낸 원형 링을 먼저 끼우고 그 위에 육각 링을 돌려 무브를 상자에 고정한다.

9 무브에 시, 분, 초침을 순서대로 끼운다.

10 훅걸이는 상자 뒷면에 절연테이프
   로 고정해준다.

11 종이 상자와 절연테이프로 만
   든 스트라이프 탁상시계 완성.

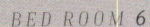

죽부인
LED 조명

난이도 ★★☆☆☆

가격대 20,000원 내외

materials

죽부인, LED T5, 전선, 스위치가 달린 전원코드, 절연테이프, 조명 고정 클립

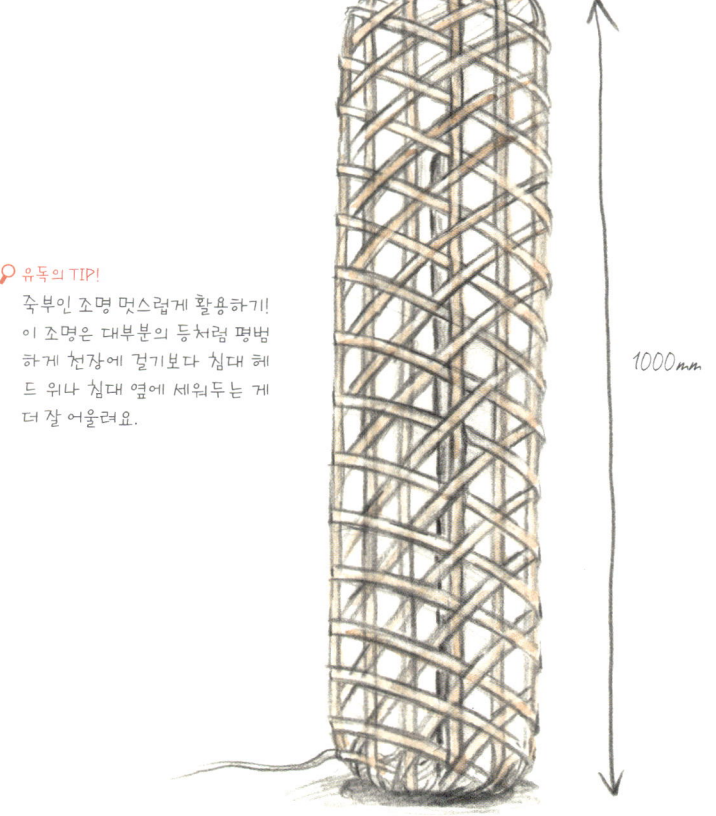

🔍 유독의 TIP!
죽부인 조명 멋스럽게 활용하기!
이 조명은 대부분의 등처럼 평범
하게 천장에 걸기보다 침대 헤
드 위나 침대 옆에 세워두는 게
더 잘 어울려요.

1000mm

색다른 침실 조명, 죽부인 조명이에요.

죽부인 사이로 빛이 새어나오는

모습이 참 예뻐요.

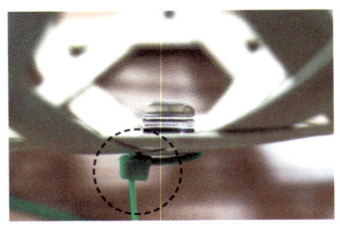

1 조명을 고정하는 클립을 죽부인 안으로 넣고 케이블 타이로 고정한다.

2 케이블 타이의 나머지 부분을 잘라낸다.

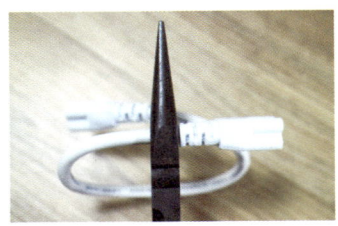

3 병렬 연결코드의 한쪽을 롱노즈로 잘라낸다.
TIP 롱노즈 플라이어 - 전선의 피복을 벗기거나 철사 등의 재료를 구부리고 절단할 때 쓰는 공구.

병렬 연결코드　　전선

4 잘라낸 병렬 연결코드와 여분의 전선 한쪽 끝의 피복을 벗겨낸다.

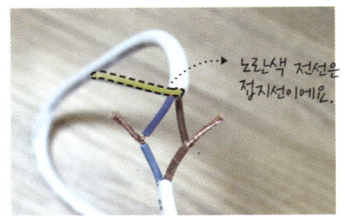

노란색 전선은 접지선이에요.

5 두 개의 전선을 한 쪽씩 짝지어 꼬아준다.

6 각각의 전선을 절연테이프를 이용해 감싸준다.

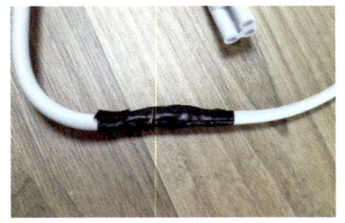

7 각 전선을 다 감싸준 다음. 전선 전체를 합쳐 절연테이프로 감싼다.

8 여분 전선의 나머지 한쪽과 스위치가 달린 전원코드의 전선도 피복을 벗겨낸다.

9 5~7과 마찬가지로 전선을 하나씩 짝지어 꼬아주고 전선 전체를 절연테이프로 감싼다.

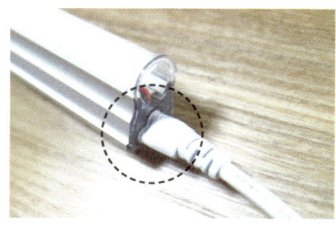

10 병렬 연결코드 부분을 조명에 연결한다.

11 조명의 한쪽 끝은 마감 마개로 막는다.

12 조명을 죽부인 안으로 넣는다.

13 조명을 1의 고정 클립에 끼워 고정하고, 죽부인 조명을 어울리는 곳에 놓는다.

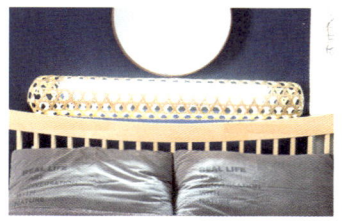

14 침대 헤드에 올려도 좋은 죽부인 조명 완성.

캔들 홀더

난이도 ★★★☆☆

가격대 10,000원 내외

materials

틴 캔들 3개

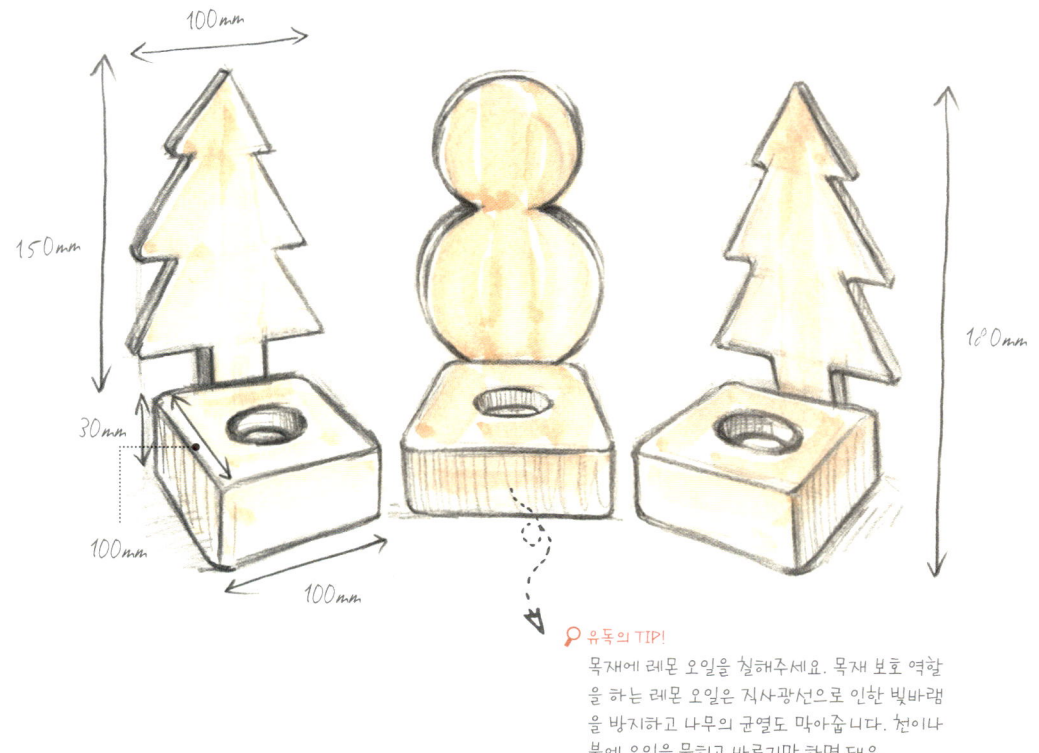

100mm

150mm

30mm

100mm

100mm

180mm

♀ 유독의 TIP!
목재에 레몬 오일을 칠해주세요. 목재 보호 역할
을 하는 레몬 오일은 직사광선으로 인한 빛바램
을 방지하고 나무의 균열도 막아줍니다. 천이나
붓에 오일을 묻히고 바르기만 하면 돼요.

작은 틴 캔들을 보관할 수 있는 삼나무 캔들 홀더랍니다.

이제 여느 집에서나 흔하게 사용하는 캔들을

포근한 원목 홀더로 보관해보세요.

【 필 요 한 목 재 】

삼나무 15t
① 캔들 홀더 100*100 – 6개
② 캔들 홀더 장식 100*200 – 3개

✎ 캔들 홀더 만들기

본드 바르기

1 캔들 홀더 목재 1개를 준비하고, 캔들 사이즈에 맞추어 홀쏘로 둥근 구멍을 뚫고 샌딩한다.

TIP 같은 사이즈의 목재를 하나 더 준비한다. 단, 구멍은 내지 않고 샌딩만 하도록 한다.

3 목재 뒷면에 목공본드를 바른다.

3 2의 목재를 같은 사이즈의 목재 위에 붙인 후 본드가 굳을 때까지 기다린다.

4 목재가 완전히 붙고 나면 다시 한 번 샌딩한다. 1~4를 반복해 3개의 홀더를 만든다.

● 캔들 홀더 장식 만들기

5 캔들 홀더 장식을 만든다. 목재에
원하는 모양을 그려준다.

6 앞에서 그린 것은 선을 따라 직소
기로 잘라내고 샌딩한다.

7 목재 하단에는 이중 비트길을 내
고 총 3개의 장식을 만든다.

8 캔들 홀더와 장식 모두 오일을 발
라준다.

9 캔들 홀더에 장식을 나사못으로
고정한다.

10 포근한 분위기의 캔들 홀더 완성.

통나무
조명

난이도 ★★★☆☆

가격대 10,000원 내외

materials

반으로 자른 장작, 전원코드와 스위치가 달린 전선,
레트로 소켓, 전구, 전선클램프 4~5개

🔍 유독의 TIP!
전선을 넣을 홈을 만들기 위해 조각도를 사용
할 때는 손을 조심하세요. 전선을 고정할 때
는 클램프 대신 손타카를 써도 됩니다. 밖으
로 보이는 나무껍질도 조각도로 살짝 벗겨내
나무 속살이 드러나게 하니 더 느낌 있어요.

57mm

210mm

추운 겨울 날, 제재소를 운영하는 블로그 이웃님이 난로에 쓸 장작을 패고 있다는

포스팅을 했는데요. 그때 두꺼운 장작이 두 개로 갈라지는 모습을 보고

아이디어를 얻어 만든 통나무 조명이랍니다.

1 통나무 장작을 준비하고 반으로 쪼개 준다.

2 장작 안 중앙에 전선이 들어갈 곳을 표시한다.

3 조각도를 이용해서 2에서 표시한 선을 따라 전선의 두께보다 더 여유 있게 홈을 판다.

4 장작 하단에 전선이 나올 길을 내준다.

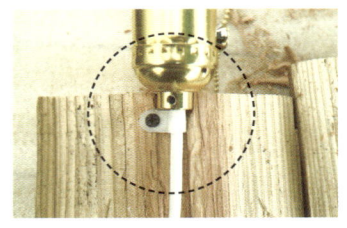

5 상단에는 소켓의 끝부분이 들어갈 수 있게 홈을 여유 있게 파고, 전선을 연결한 소켓의 끝부분은 홈에 끼워 전선클램프로 고정한다.

6 나머지 전선도 전선클램프를 이용해 장작 안에 고정한다.

TIP 전선클램프는 긴 전선을 벽이나 가구에 고정할 때 쓰는 재료. 클램프에 전선을 먼저 끼우고 나사못을 이용해 고정시켜준다.

7 장작을 합치고 장작이 만나는 지점에 이중 비트길을 낸다.

8 나사못을 이용해 두 장작을 연결해준다.

9 내추럴 감성의 통나무 조명 완성.

BED ROOM 9

화장대

난이도 ★★★★☆

가격대 80,000원 내외

materials

다리 브래킷 4개, 거울(200*300), 손잡이 1개, T경첩 2개,
나비경첩 2개, 코너 꺽쇠 2개

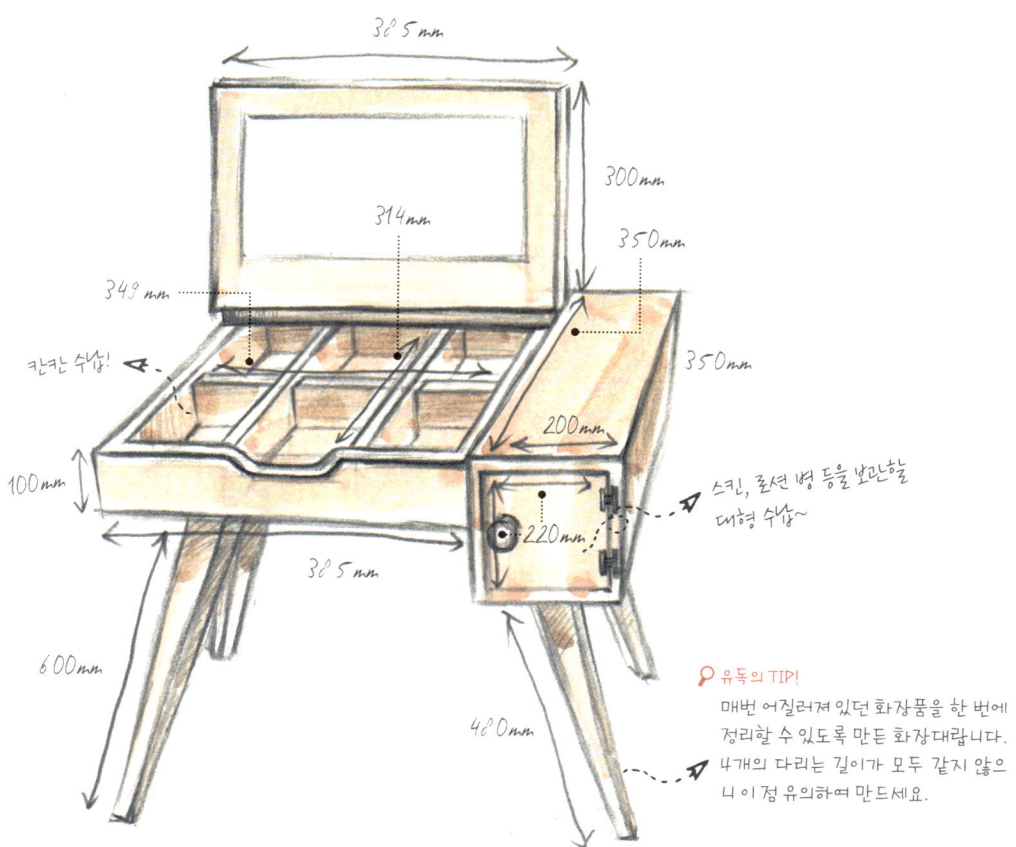

385mm

300mm

314mm

350mm

349mm

350mm

칸칸 수납!

200mm

100mm

220mm

스킨, 로션 병 등을 보관할
대형 수납~

385mm

600mm

480mm

🔎 유독의 TIP!
매번 어질러져 있던 화장품을 한 번에
정리할 수 있도록 만든 화장대랍니다.
4개의 다리는 길이가 모두 같지 않으
니 이 점 유의하여 만드세요.

화장품 수납 걱정을 단숨에 날려 주는, 오직 나를 위한 맞춤 화장대랍니다.

작은 화장품은 칸칸 수납 박스에, 향수 같은 제법 큰 화장품은

대형 수납 박스에 보관할 수 있어요.

【 필요한 목재 】

스프러스 18t
- 칸칸 수납 박스
① 앞, 뒤판 70*385 – 2개
② 옆판 70*314 – 2개
③ 아래판(스프러스 12t)
　　350*385 – 1개
④ 가로용 칸막이(스프러스 12t)
　　60*349 – 1개
⑤ 세로용 칸막이(스프러스 12t)
　　60*314 – 2개
⑥ 뚜껑 300*385 – 1개
⑦ 뚜껑 지지대 50*385 – 1개

- 대형 수납 박스
① 위, 아래판 200*350 – 2개
② 옆판 184*350 – 2개
③ 뒤판 164*184 – 1개
④ 문 160*180 – 1개

- 레트로 가구 다리
① 600 – 2개
② 480 – 2개

- 목봉(20t)
① 220 – 1개

✎ 칸칸 수납 박스 만들기

1 먼저 칸칸 수납 박스를 만든다. 앞판과 뒤판에 이중 비트길을 낸다.

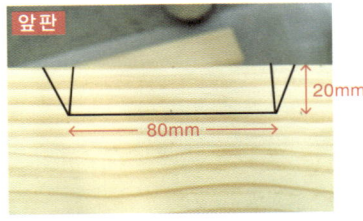

2 앞판 중앙에 손잡이가 될 부분을 표시한다. 20*80mm 정도의 공간을 표시하고 직소기로 잘라낸다.

3 앞판. 뒤판과 옆판 2개를 연결해 네모 틀을 만든다.

4 아래판(스프러스 12t)을 준비한다. 아래판에 이중 비트길을 내고 3의 틀에 고정시켜 준다.

5 구멍에 본드를 바르고 목다보를 끼운다.

6 본드가 굳으면 톱으로 목다보를 잘라내고 전체적으로 샌딩한다.

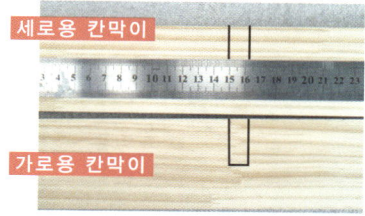

세로용 칸막이

가로용 칸막이

7 가로용 칸막이와 세로용 칸막이 (스프러스 12t)를 준비한다. 칸막이를 끼울 홈을 그림과 같이 표시한다.

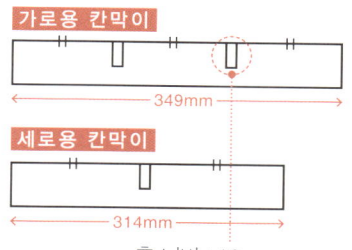

가로용 칸막이

349mm

세로용 칸막이

314mm

홈 너비 : 12mm
깊이 : 60mm

8 표시한 곳에 톱으로 길을 내고 망치와 조각도로 홈을 파낸다.

9 칸칸 수납 박스와 칸막이가 모두 스테인을 바른다.

COLOR TIP 아이생각 수성스테인 참나무색

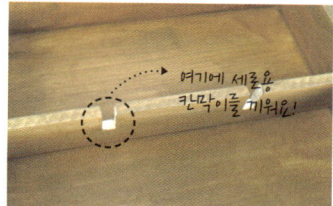

여기에 세로용 칸막이를 끼워요!

10 스테인이 마르면 칸칸 수납 박스 중앙에 가로용 칸막이를 넣는다.

11 세로용 칸막이 2개를 가로용 칸막이에 끼운다.

뚜껑 지지대

12 뚜껑 지지대를 준비한다. 지지대는 목공본드를 이용해 사진과 같이 칸칸 수납 박스의 뒤쪽에 고정한다.

13 뚜껑 지지대와 뚜껑을 경첩 2개로 연결한다.

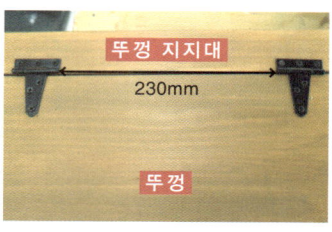

뚜껑 지지대

230mm

뚜껑

14 이때 경첩과 경첩 사이의 간격은 230mm 정도로 맞춘다.

● 대형 수납 박스 만들기

16 대형 수납 박스를 만든다. 위판과 아래판에 이중 비트길을 낸다.

17 옆판에도 이중 비트길을 내고 뒤 판을 고정해 ㄷ자를 만든다.

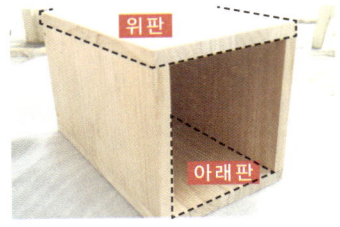

18 17에 16의 위판과 아래판을 연결 한다. 박스 전체를 사포질하고 스 테인을 발라준다.

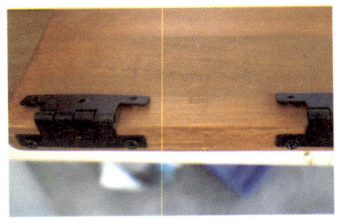

19 문은 18의 대형 수납 박스와 경첩 2개로 연결해준다.

20 문의 한쪽에 손잡이가 달릴 곳을 표시하고 구멍을 낸다.

21 앞의 구멍에 원목 손잡이를 나사 못으로 달아준다.

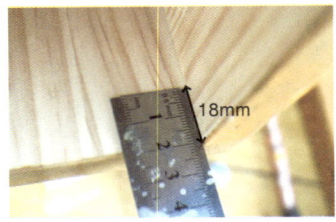

22 문 안쪽에서부터 18mm 지점을 표시하고 빠찌링을 붙인다.

TIP 빠찌링은 가구의 문을 고정시켜주는 철물. 장롱 등 문이 있는 가구에 부착 하며 자력의 원리로 문을 안정적으 로 여닫을 수 있도록 해준다.

23 문 안쪽에는 22에서 붙인 빠찌링 과 동등한 선상의 위치에 빠찌링 쇠판을 붙인다.

● 칸칸 수납 박스 + 대형 수납 박스 연결하기

24 칸칸 수납 박스와 대형 수납 박스를 클램프로 임시 고정한다.

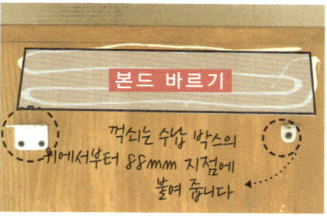

25 대형 수납 박스의 옆면에 사진과 같이 꺽쇠를 나사못으로 고정하고 목공본드를 바른다.

TIP 꺽쇠는 ㄱ자로 만나는 부분을 연결해주는 철물.

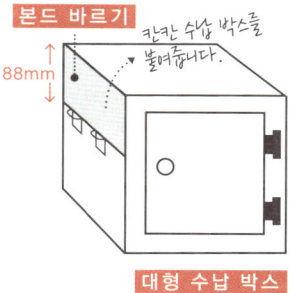

26 꺽쇠의 한쪽을 칸칸 수납 박스에 연결하고 목공본드가 굳기를 기다린다.

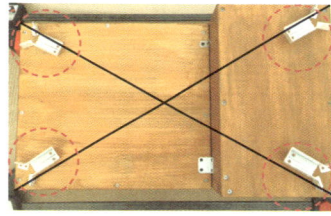

27 수납 박스가 고정되면 뒤집어서 다리 브래킷이 고정될 곳을 표시한다.

28 브래킷을 화장대 아래에 고정하고 다리를 끼워준다.

29 목봉을 준비한다. 목봉의 양끝에 이중 비트길을 내고 칸칸 수납 박스의 뚜껑 지지대 위에 고정한다.

TIP. 목봉은 거울이 달린 뚜껑이 뒤로 젖혀지지 않게 지지해주는 역할을 한다.

30 화장대에 거울을 붙여 줄 차례. 칸칸 수납 박스의 뚜껑 안쪽, 거울이 붙을 부분에 강력 실리콘을 듬뿍 짜고 펴 바른다.

31 거울을 붙인 다음 실리콘이 마르고 거울이 고정되기까지 하룻밤 정도 기다리면 된다. 나만의 맞춤 화장대 완성.

4

아이 방

KIDS
ROOM

엄마표 가구, 장난감이 가득한 아들의 방이에요. 아들이 좋아하는
레고와 제가 만든 장난감으로 매일매일 정신없는 곳이기도 해요. 아
이 물건도 안전 문제가 대두되는 요즘, 엄마가 직접 만들면 안심할
수 있겠죠? 아이가 맘껏 뛰어놀 수 있는 벙커 침대, 소꿉놀이하기 좋
은 빌트인 키즈 싱크대와 냉장고 등을 만드는 방법을 소개할게요.

빌트인 키즈 싱크대

goal

목재 부속품 만들기

난이도 ★★★★★

가격대 100,000원 내외

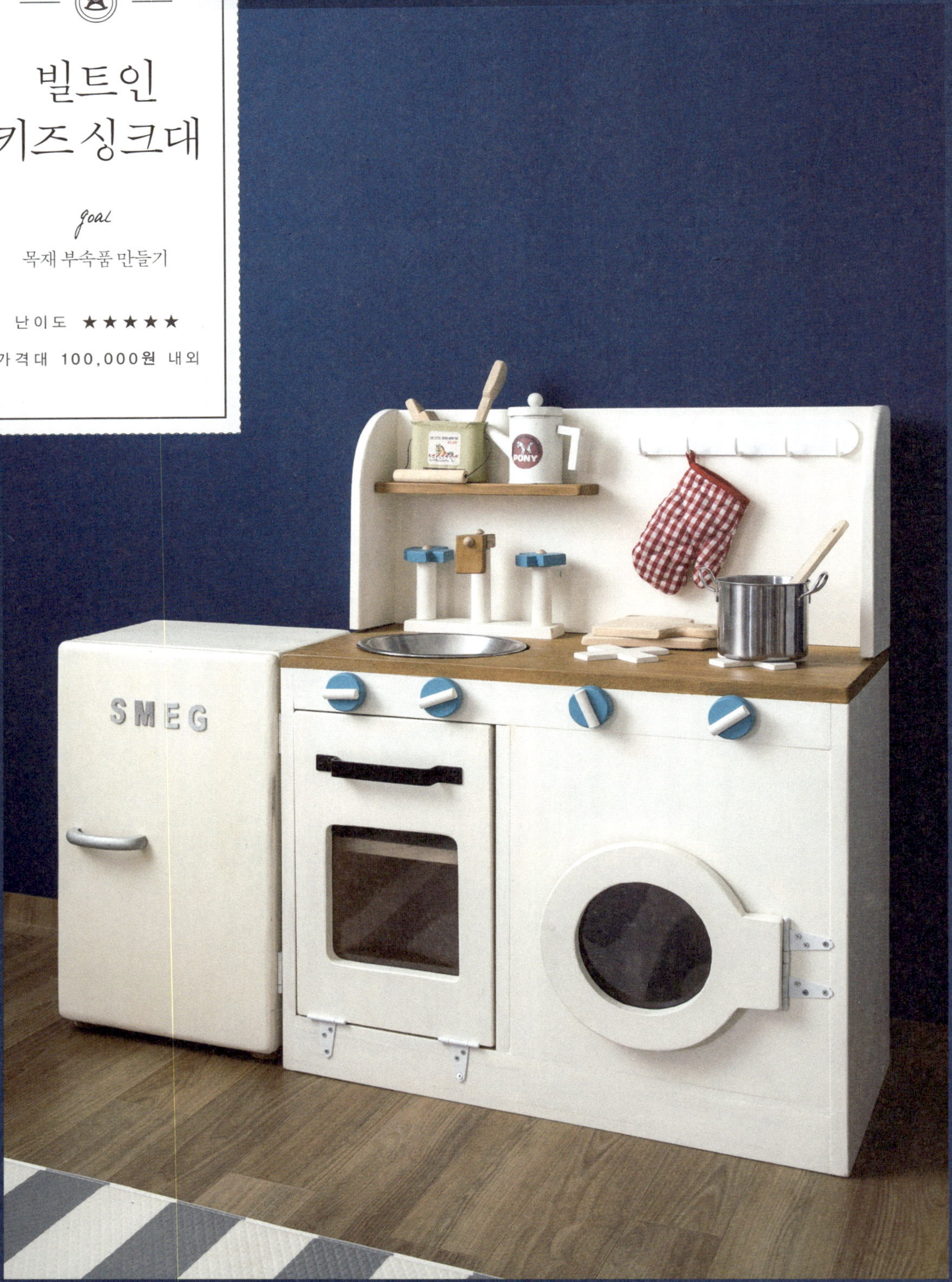

materials

투명 매트, 경첩 4개, 훅걸이, 스테인리스 그릇, 버섯 다보 4개, 손잡이, 보강 평철

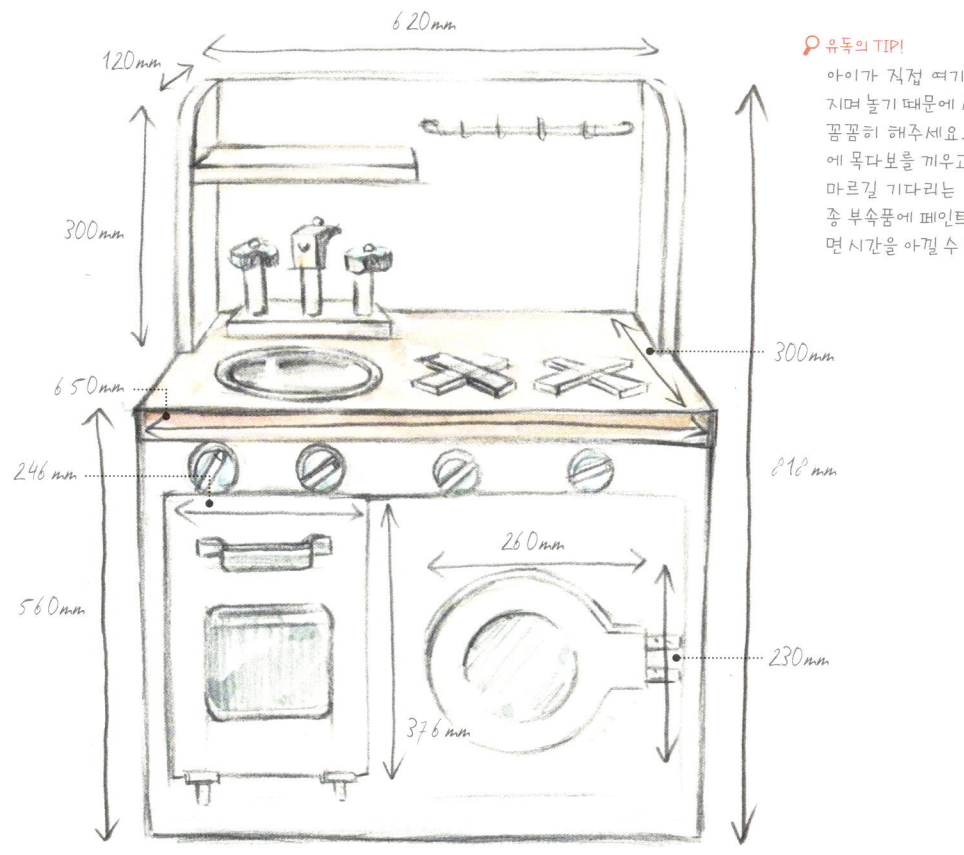

620mm
120mm
300mm
650mm
246mm
560mm
260mm
376mm
300mm
818mm
230mm

유독의 TIP!

아이가 직접 여기저기 만지며 놀기 때문에 사포질을 꼼꼼히 해주세요. 싱크대에 목다보를 끼우고 본드가 마르길 기다리는 동안 각종 부속품에 페인트를 칠하면 시간을 아낄 수 있어요.

아이를 위한 즐거운 장난감, 빌트인 키즈 싱크대예요.

남자아이도 여자아이도 모두 좋아하는

최고의 장난감이랍니다.

【필요한 목재】

하부장(뉴송 18t)
① 위판 300*650 − 1개
② 옆판 300*500 − 2개
③ 아래판 300*614 − 1개
④ 중간 세로목 300*430 − 1개
⑤ 걸레 받이 50*614 − 2개
⑥ 오븐 선반 250*250 − 1개
⑦ 오븐 문 246*376 − 1개
⑧ 세탁기 고정부 346*382 − 1개
⑨ 세탁기 문 300*300 − 1개
⑩ 뒤판(합판 4.8t)
　　560*650 − 1개

액세서리

· 수전
① 목봉(25t) 80 − 2개, 100 − 1개
② 수도꼭지 손잡이(삼나무 15t)
　　30*60 − 4개
③ 수도꼭지(삼나무 18t)
　　35*50 − 2개
④ 수전 받침대(삼나무 15t)
　　50*210 − 1개

· 가스레인지(합판 9t)
① 가스레인지 30*40 − 4개
② 가스레인지 30*110 − 2개

·가스레인지 점화 손잡이
③ 원형(삼나무 15t)
지름 50 − 4개
④ 목봉(10t) 45 − 4개

·기타
① 훅걸이 − 1개

상부장(뉴송 15t)
① 옆판 120*300 − 2개
② 뒤판 300*620 − 1개
③ 선반 70*280 − 1개

● 목재 조립하기 − 싱크대 하부장 만들기

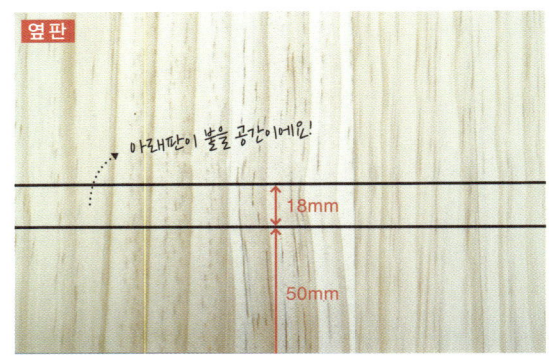

옆판

아래판이 놓을 공간이에요!

18mm

50mm

┐

하부장의 옆판을 준비한다. 옆판 하단에 걸레 받이를 연결할 부분 50mm를 남기고 18mm의 공간을 표시한다.

2

옆판을 돌려서 뒤집고 1에서 표시한 지점에 이중 비트길을 3~4개 정도 낸다.

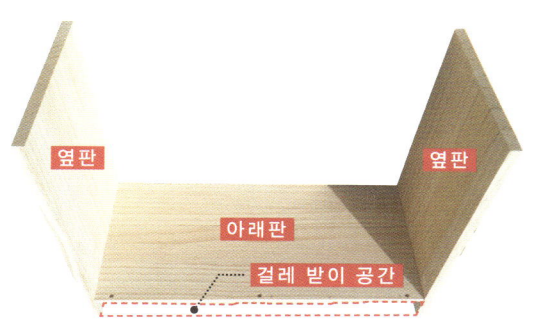

3

나사못으로 옆판에 아래판을 연결한다.

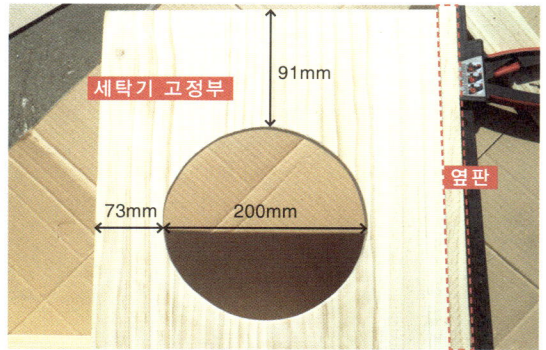

4

세탁기 고정부를 옆판에 연결하고 지름 200mm의 원을 그린 다음 직소기로 따낸다.

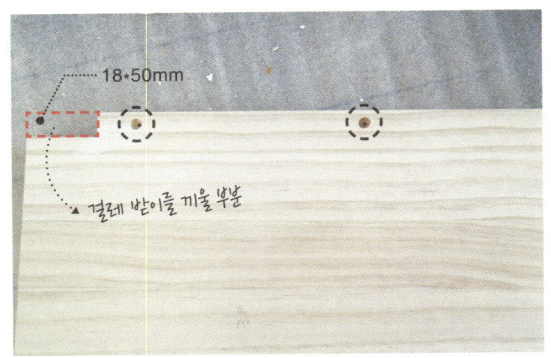

18*50mm

걸레 받이를 끼울 부분

5

중간 세로목을 준비하고 중간 세로목의 상단 한 쪽 귀퉁이에서 18*50mm 정도의 공간을 잘라 내고 이중 비트길을 내준다. 잘라낸 곳은 상단 걸레 받이를 끼울 부분이다.

세탁기 고정부

5번에서 잘라낸 부분

중간 세로목

6

세탁기 고정부 옆에 중간 세로목을 목공본드로 사진과 같이 연결한다.

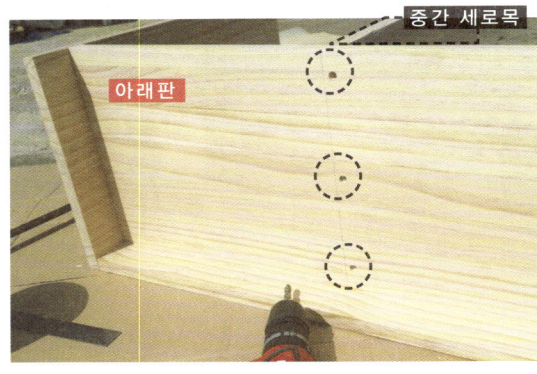

중간 세로목

아래판

7

아래판 하단을 놓고 연결된 중간 세로목을 나사 못으로 한 번 더 고정한다.

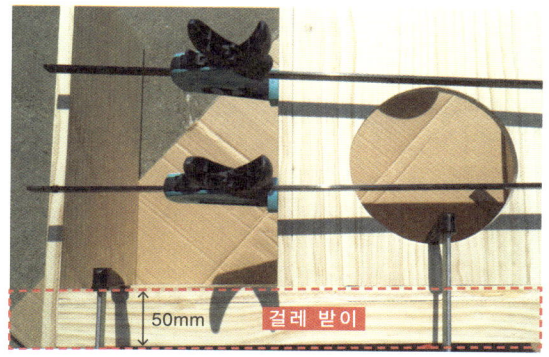

8

아래판에 하단 걸레받이를 연결한다.

50mm

걸레 받이

위판

9

위판용 목재를 준비한다. 스테인리스 그릇을 준비한 다음 위판에 대고 그린다.

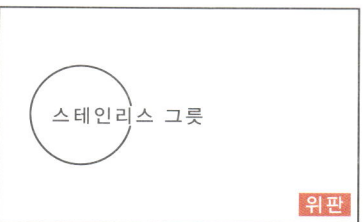

스테인리스 그릇

위판

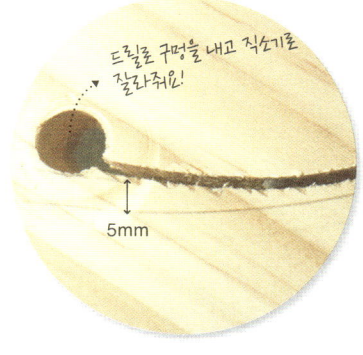

드릴로 구멍을 내고 직소기로 잘라줘요!

5mm

10

앞에서 그린 곳보다 5mm 정도 안쪽으로 모양을 따낸다.

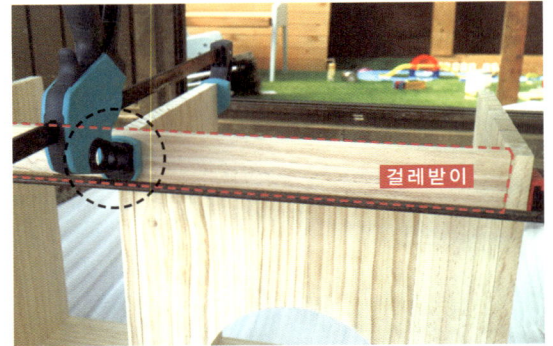

11

상단 걸레받이를 준비한다. 상단 걸레받이는 5에서 따낸 중간 세로목에 끼워 고정한다.

12

오븐 선반을 준비한다. 선반은 옆판과 중간 세로목 사이에 붙여주는데 이때 바닥에서부터 200mm 지점에 고정시켜준다.

13

10에서 둥근 모양을 따낸 위판을 준비하고 사진과 같이 이중 비트길을 낸 다음 상단 걸레받이와 옆판 위에 고정해준다.

14

이제 뒤판을 연결해줄 차례. 뒤쪽에 목공본드를
바르고 타카를 이용해 뒤판을 고정한다.

뒤판

본드를 발라 뒤판을 붙인 다음
타카로 한번 더 단단히 고정시켜줍니다!

15

각 나사 구멍에 본드를 바르고 목다보를 끼운다.

목공본드가 마르면
톱으로 잘라요!

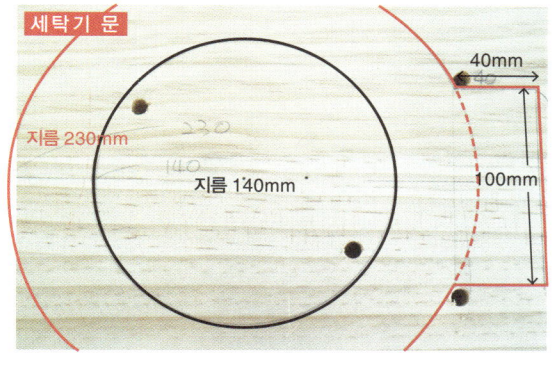

16

세탁기 문

지름 230mm

지름 140mm

40mm

100mm

세탁기 문을 만들 목재를 준비하고 문 모양을
그린다. 지름 230mm의 원과 지름 140mm의
원을 그린 후 바로 옆으로 40*100mm의 직사
각형을 그린다. 이때 지름 230mm의 원과 직사
각형은 사진과 같이 이어지도록 그린다.

17

지름 140mm 원부터 모양을 따내고 잘라준다.

TIP 크기가 더 큰 원부터 자를 경우 목재가 쪼개질 수 있으니 주의한다.

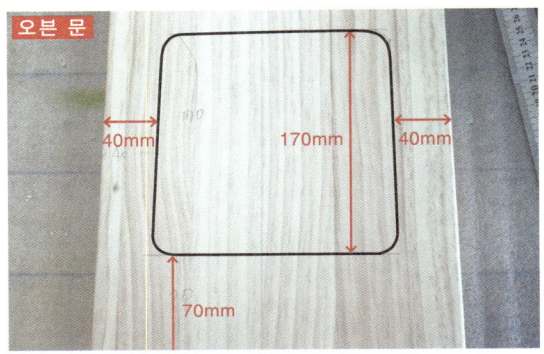

오븐 문

40mm　170mm　40mm

70mm

18

오븐 문을 만들 목재를 준비하고 문을 그린다. 좌, 우 40mm, 아래에서 70mm 지점에 높이 170mm의 직사각형을 그린다. 모서리는 둥글게 그려준다.

모서리 부분은 특히 부드럽게 샌딩해요.

19

직소기로 문을 따내고 샌딩한다.

20

오븐 문과 오븐 선반을 연결해 하부장을 완성한다.

오븐 선반

오븐 문

목재 부속품 만들기

부속품은 책에 나온 사이즈나 디자인이 아니어도 좋아요. 수도꼭지나 손잡이 등은 철물점에서 쉽게 구입할 수 있는 기성품을 사용하면 작업이 더 편해진답니다.

21

액세서리가 될 목재를 미리 샌딩해 준비한다.

수전 받침대

20mm   20mm

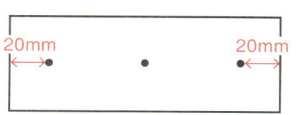

20mm   20mm

22

수전 받침대를 준비하고 정중앙과 양 끝에서부터 20mm 안쪽 지점, 총 3개의 이중 비트길을 내준다.

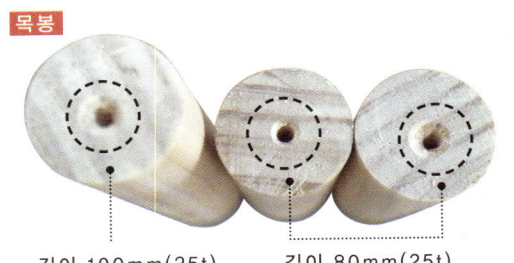

목봉

길이 100mm(25t)   길이 80mm(25t)

23

목봉에 드릴로 길을 낸다.

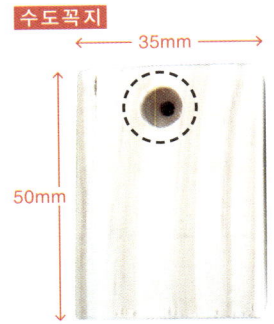
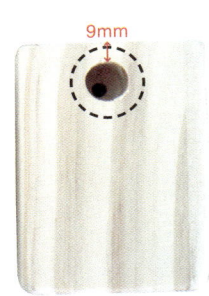

수도꼭지

← 35mm →

9mm

50mm

24

수도꼭지용 목재 2개에 사진과 같이 이중 비트
길을 낸다.

25

24의 목재를 목공본드를 발라 ㄱ자로 연결한다.

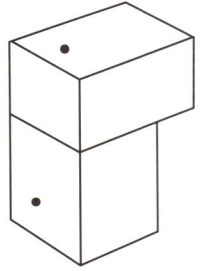

• 이중 비트길 위치

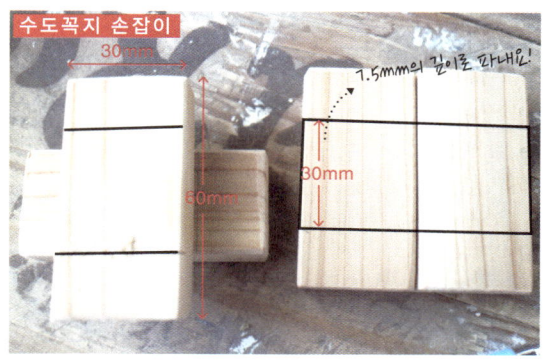

수도꼭지 손잡이

30mm

7.5mm의 길이로 파내요!

30mm

50mm

26

수도꼭지 손잡이용 목재를 준비한다. 이 중 2개의 목재는 목재 폭만큼 선을 긋고(30mm) 두께의 반(15t이므로 약 7.5mm)만 톱으로 파낸다.

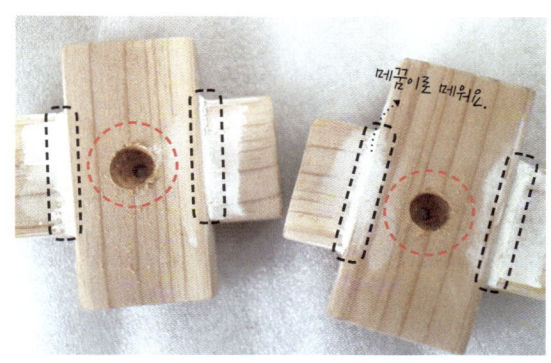

떼꿈이로 메워요.

27

목재를 파낸 부분에 목재를 십자 모양으로 끼우고 연결된 부분은 메꿈이로 메운 다음 중앙에 이중 비트길을 내준다.

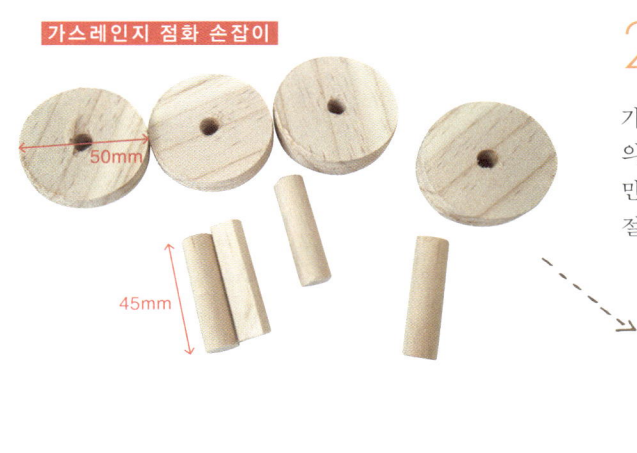

가스레인지 점화 손잡이

50mm

45mm

28

가스레인지 점화 손잡이를 만든다. 지름 50mm의 원 4개를 준비하고 10mm 드릴로 깊이의 반만큼만(7.5mm) 뚫어준다. 목봉은 사진과 같이 절반을 잘라내면 액세서리 준비 완료.

✎ 상부장 만들기

상부장 옆판

100mm

29

상부장 옆판을 준비한다. 옆판 상단에서부터 100mm가 되는 지점까지 모서리를 둥글게 그리고 직소기로 따낸 후 샌딩한다.

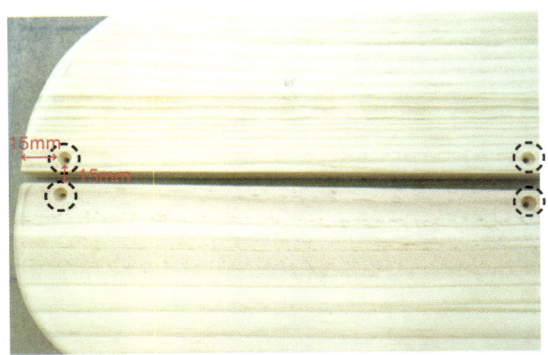

15mm
15mm

30

사진과 같이 이중 비트길을 내준다.

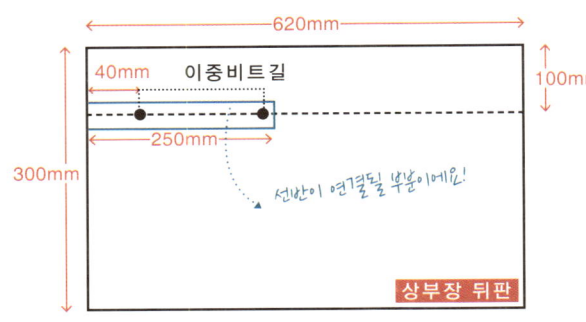

620mm

40mm   이중비트길

100mm

250mm

300mm

선반이 연결될 부분이에요!

상부장 뒤판

31

상부장 뒤판을 준비한다. 뒷면을 놓고 위에서부터 100mm 지점에 이중 비트길을 내 선반이 연결될 부분을 표시한다.

32

상부장의 뒤판과 옆판을 목공본드와 나사못으로 연결한다. 상부장 완성.

● **목재 조립하기 – 하부장과 상부장, 부속품 조립**

33

싱크대 하부장과 상부장에 페인트를 칠해준다.
COLOR TIP 더클래시 엔리치 S-0505-Y

34

액세서리도 페인트를 칠해준다.
COLOR TIP 더클래시 엔리치 S-2040-B20G(블루)
S-0505-Y(화이트)

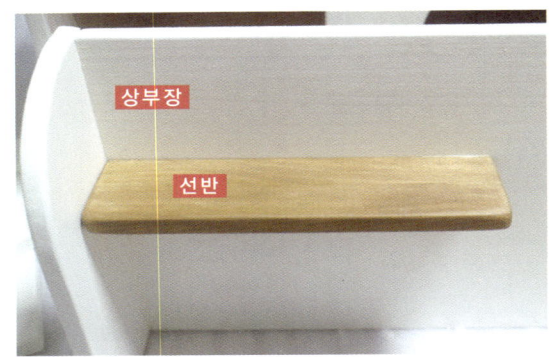

35

상부장에 선반을 연결한다. 31에서 이중 비트길을 낸 곳에 붙인다.

▲ 상부장의 옆판과 연결될 거예요!

하부장

목다보로 이어주세요

36

하부장과 상부장을 연결한다. 하부장의 위판 뒤쪽에 구멍을 내고 본드를 바른 다음 목다보를 끼운다.

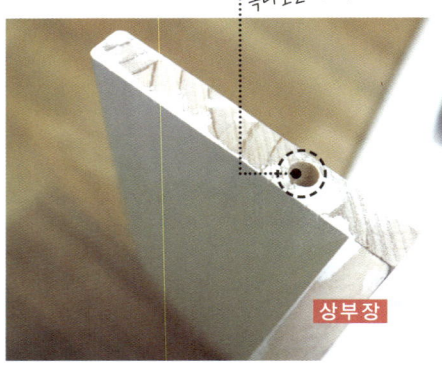

상부장

37

상부장 옆판 하단에 목다보를 끼울 구멍을 낸다.

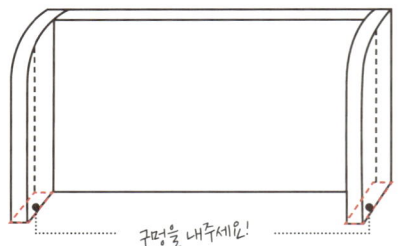

구멍을 내주세요!

38

목다보를 이용해 하부장에 상부장을 끼운다.

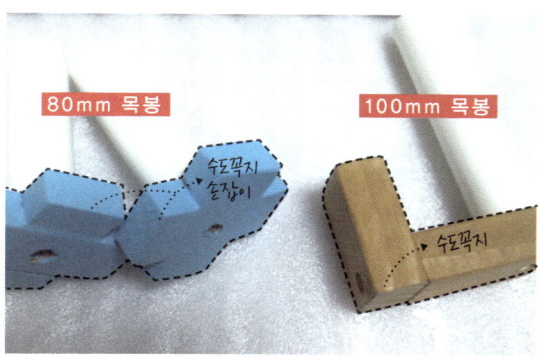

80mm 목봉

100mm 목봉

수도꼭지
손잡이

수도꼭지

39

수전용 액세서리를 준비한다. 목봉에 수도꼭지
와 수도꼭지 손잡이를 연결한다.

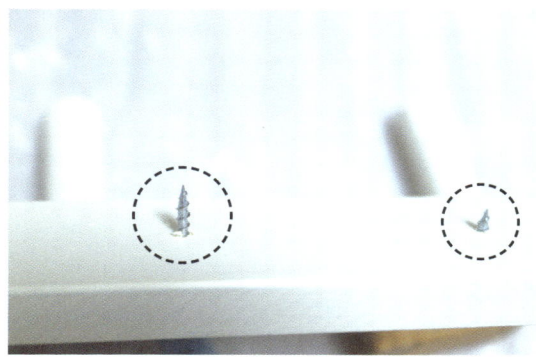

40

수전 받침대를 준비하고 받침대에 나사못을 넣
어 준다.

41

수도꼭지와 손잡이를 수전 받침대에 나사못으로 연결한다. 이중 비트길에는 본드를 바른 다음 버섯 다보를 끼워 마감한다.

42

수전 받침대의 뒷면에 목공본드를 바른다.

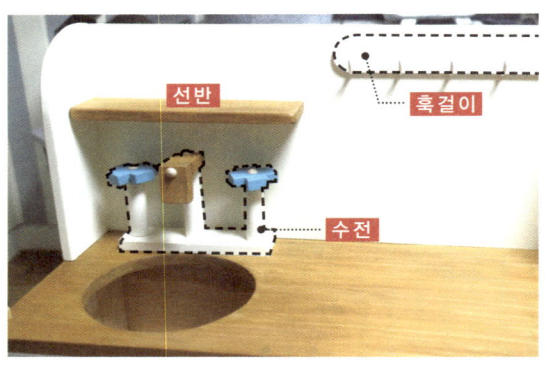

43

사진과 같이 상부장 선반 아래에 수전을 고정해 주고 훅걸이도 붙인다.

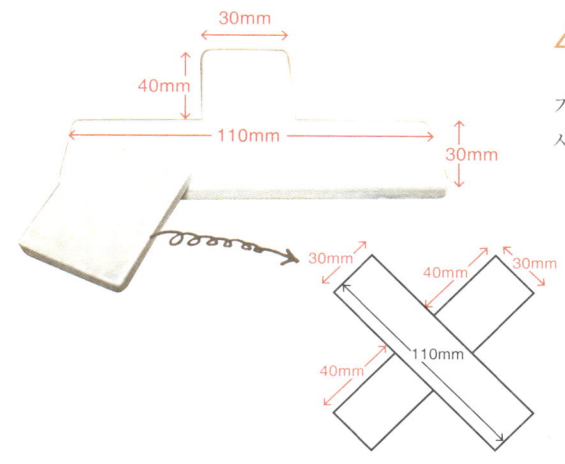

30mm

40mm

110mm

30mm

30mm

40mm

110mm

40mm

44

가스레인지 합판도 본드를 바르고 개수대 옆에 사진과 같이 붙인다.

고무 와셔

45

가스레인지 점화 손잡이를 준비한다. 하부장에 연결하기 위해 손잡이에 나사못을 넣고 고무 와 셔를 끼운다.

TIP 손잡이의 나사못 위에 고무 와셔를 끼우면 손잡이가 돌아갈 수 있는 공간이 생긴다. 고무 와셔는 10mm 드릴을 이용해 깊이의 반만 넓혀준 후 못을 조이기 전에 끼워준다. 못을 조일 때는 와셔와 1mm 정도의 여유 공간을 두고 조이도록 한다. 꽉 조이면 손잡이 가 돌아가지 않는다.

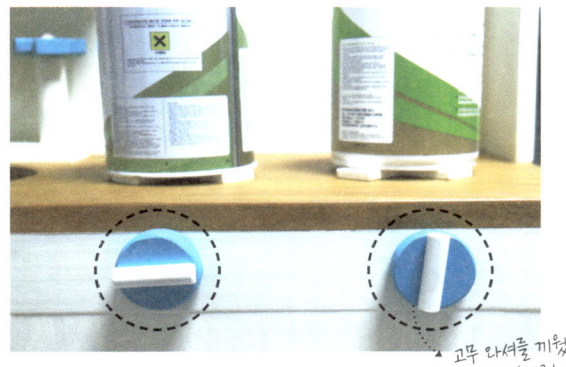

고무 와셔를 끼웠기 때문에 돌릴 수 있어요!

46

하부장의 걸레받이에 구멍을 내고 나사못으로 손잡이를 고정해준다. 손잡이 위에는 반으로 자 른 목봉을 붙인다.

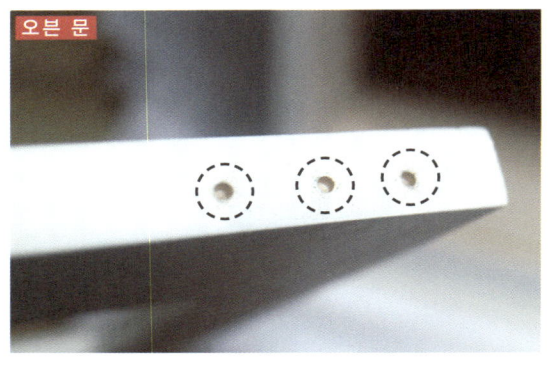

47

다시 오븐 문을 준비한다. 오븐 문 하단 양측에 경첩 자리를 표시한 다음 드릴로 길을 내준다.

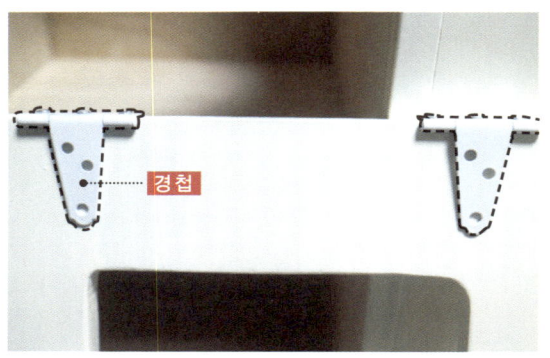

48

앞에서 길을 낸 곳에 나사못으로 경첩을 연결한 다. .

49

오븐 문 상단에 나사못으로 손잡이를 연결한다.

50

오븐 문 상단 우측에 드릴을 이용해 홈을 파고 순간접착제를 흘려준다. 여기에는 자석을 붙여 준다.

자석을 넣어 고정시켜주세요.

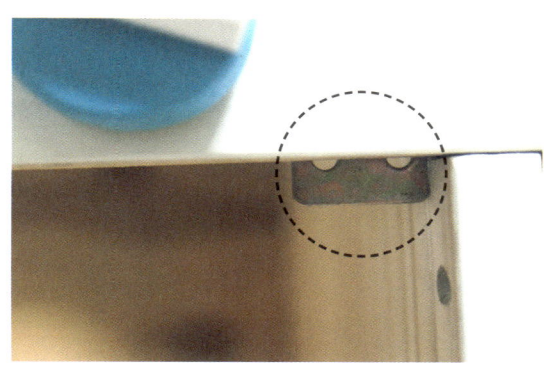

51

50에서 붙인 자석과 이어질 오븐 안쪽, 상단 우측에 보강평철을 고정한다.

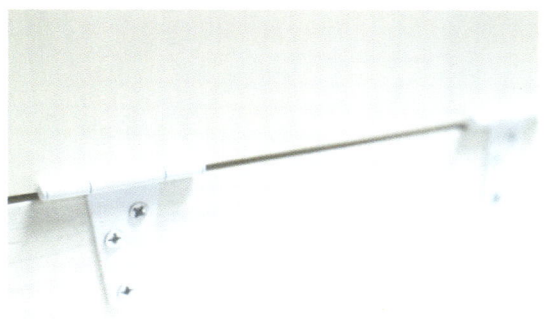

52

48의 경첩을 하단 걸레받이에 연결해 하부장에 오븐 문을 달아준다.

53

세탁기 문 뒤쪽(안쪽)에 경첩이 붙을 공간을 그려주고 톱 으로 경첩의 두께만큼 홈을 낸다. 이 중 비트길도 사진과 같이 내준다.

54

홈을 파내고 경첩을 세탁기 문에 고정한다. 그 다음 경첩을 세탁기 고정부에 연결해 하부장에 여닫을 수 있는 세탁기 문을 만들어준다.

TIP 경첩을 달 때는 문이 열리는 방향을 확인한다.

55

오븐과 세탁기 문의 안쪽에는 투명 매트를 나사 못으로 고정해준다.

56

주방놀이 하기에 안성맞춤인 빌트인 키즈 싱크대 완성.

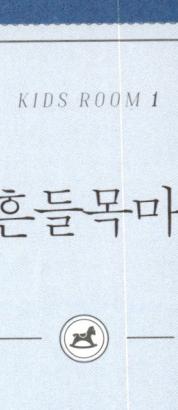

흔들목마

난이도 ★★★★☆

가격대 40,000원 내외

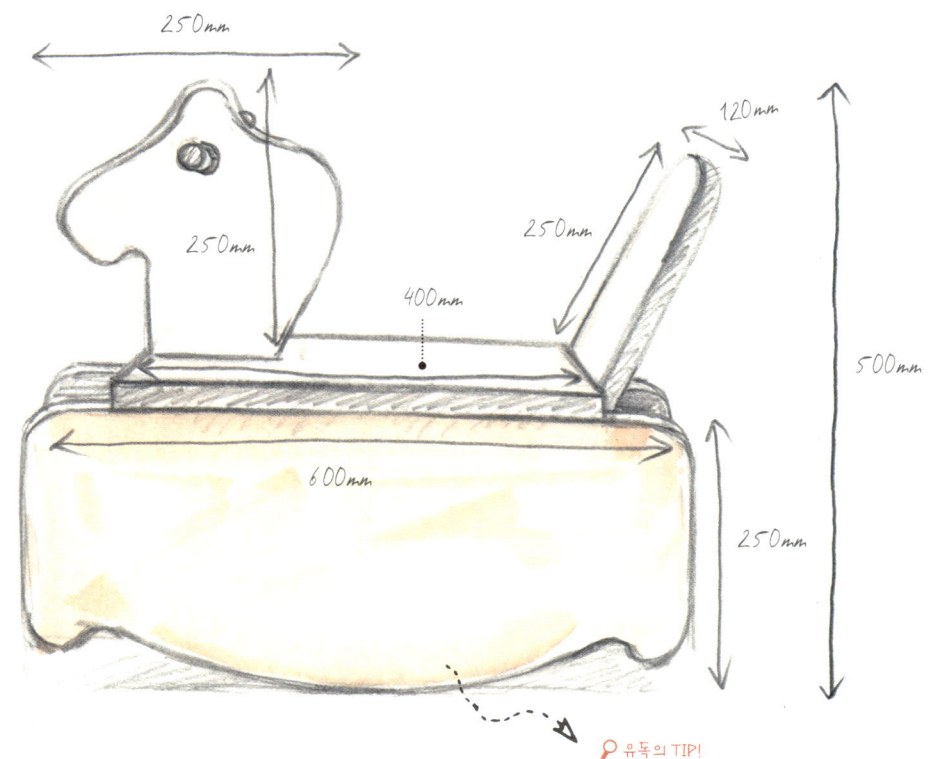

250mm

250mm

120mm

250mm

400mm

500mm

600mm

250mm

🔍 유독의 TIP!
아이가 자란 후에는 아이 방 소품으로 활용
하세요. 선명한 색감의 페인트 대신 나뭇
결을 살려줄 스테인을 칠했기 때문에 유행
도 타지 않고 방 안 어디든 잘 어울려요.

아이들이 좋아하는 장난감 흔들목마예요.

첫돌이 지난 아이가 탈 수 있는 흔들목마는 아이의 정서 발달에 좋아요.

집안 소품으로 두어도 손색이 없을 정도로 귀엽고 예쁩니다.

【 필요한 목재 】

뉴송 18t
① 옆판(흔들판) 250*600 ─ 2개
② 머리 250*250 ─ 1개
③ 안장 160*400 ─ 1개
④ 등판 120*250 ─ 1개
⑤ 지지대 50*120 ─ 3개
⑥ 목봉(20t) 220 ─ 1개

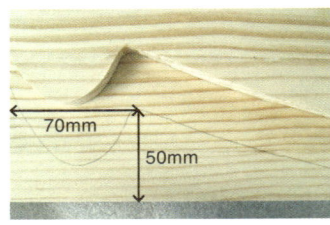

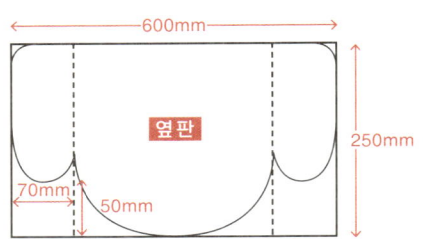

1 목마의 머리와 옆판(흔들판) 목재
를 준비한다. 머리와 옆판을 그려
준다.

2 목마의 머리와 옆판을 각각 잘라
준다.

3 머리에 손잡이가 달릴 곳을 보링
비트로 구멍 내고 사포질한다.

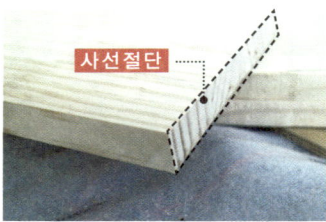

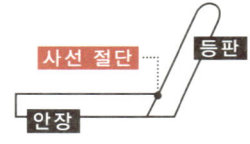

4 안장 뒷부분을 8도 각도로 사선
절단한다.

TIP 안장 뒤에 붙을 등판이 뒤로 젖혀지
도록 하기 위해 목재의 한 면을 사선
절단한다. 직접 하기 어렵다면 온·오
프라인의 목공소에서 서비스 받을
수 있다.

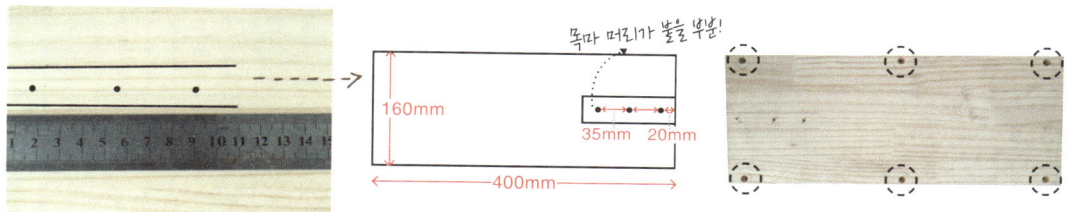

똑마 머리가 붙을 부분!

160mm

400mm

35mm 20mm

5 안장의 앞부분 중앙에 목마의 머리가 붙을 부분을 표시하고 이중 비트길을 내준다.

6 안장의 양옆에 옆판을 연결할 이중 비트길을 낸다.

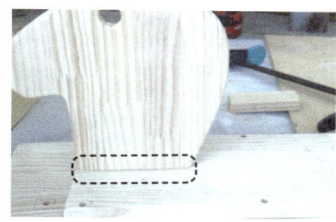

등판

안장

7 등판을 준비한다. 한쪽 끝을 둥글게 그린 다음 잘라낸 후 샌딩한다.

8 안장에 목마 머리를 5에서 낸 이중 비트길에 연결한다.

9 안장의 끝에 7에서 잘라낸 등판을 연결한다.

10 옆판 2개를 준비한다. 옆판 2개 모두 같은 위치에 지지대가 달릴 곳을 표시하고 이중 비트길을 낸다.

11 지지대에 목공본드를 바르고 옆판에 붙인 다음 본드가 굳기까지 잠시 기다린다.

12 지지대 한쪽에도 목공본드를 바르고 옆판 하나를 나사못으로 마저 고정한다.

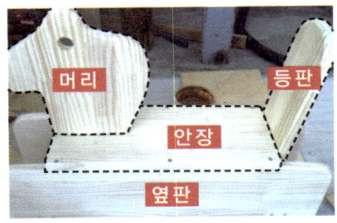

13 옆판에 안장을 올려 연결한다.

14 이중 비트길에 본드를 바르고 목
다보를 끼운 후 본드가 마르면 톱
으로 목다보를 잘라낸다.

15 목마에 스테인을 칠한다.

COLOR TIP 아이생각 수성스테인 도토리색

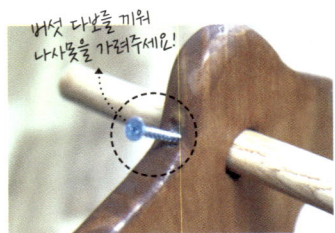

버섯 다보를 끼워
나사못을 가려주세요!

16 머리에 손잡이를 끼운 후 이중 비
트길을 내고 나사못으로 고정한다.

17 사랑스러운 흔들목마 완성.

"이제 갓 돌이 지난 조카를 위해 만든 흔들목마,
하단에 지지대 3개를 연결해 더 안전해요."

레고 핸들
수납함

난이도 ★★★☆☆

가격대 15,000원 내외

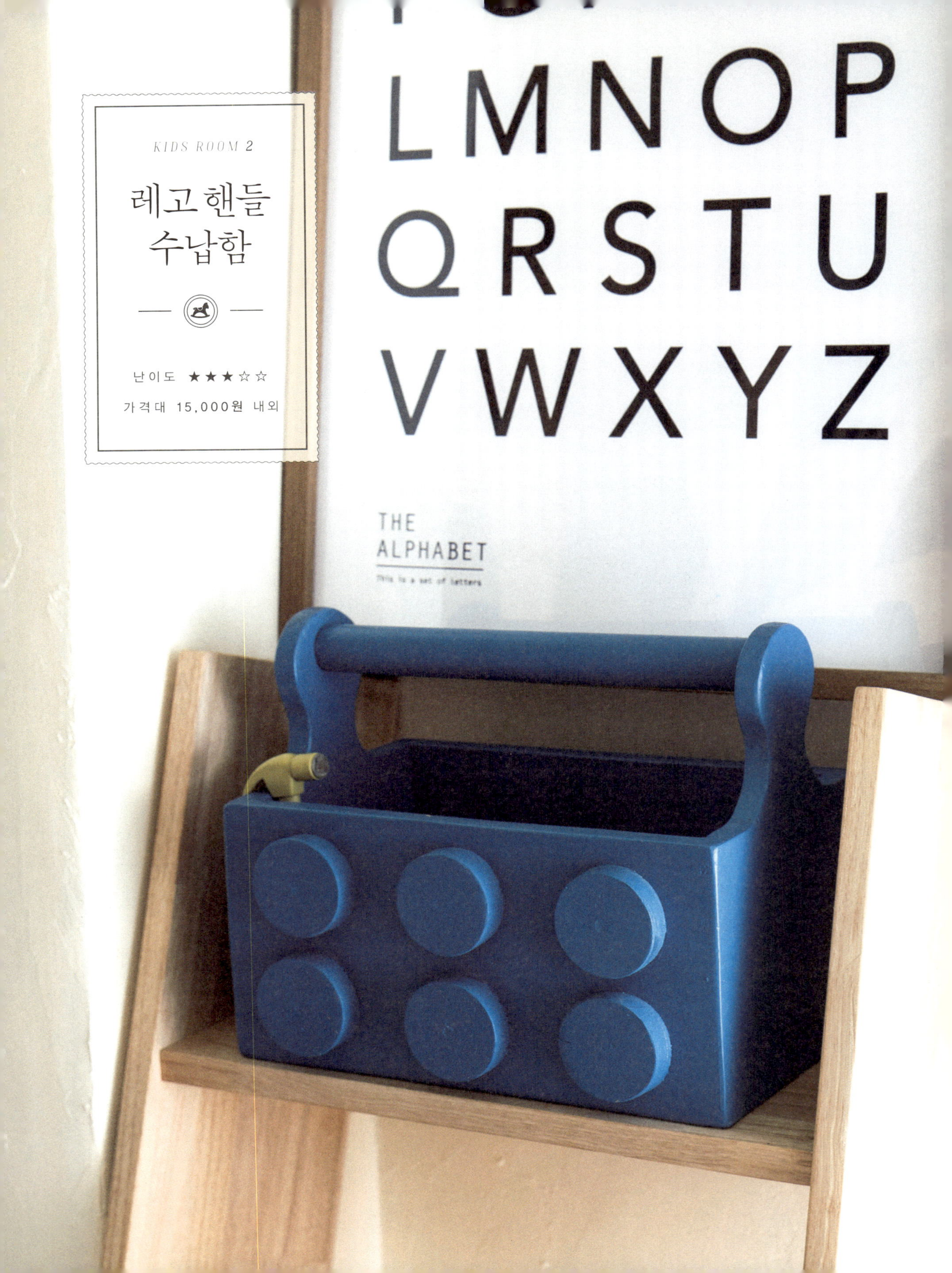

🔍 유독의 TIP!

아이가 있는 집은 장난감만해도 한가득이
죠? 특히 작은 블록은 찾기도 어렵고 방바
닥에 어질러져 있기 십상인데요. 핸들 수
납함은 직접 들고 다니며 장난감을 정리
하기 좋아서 엄마에게도 유용하답니다.
거실 리모컨 보관함으로 사용해도 좋아요.

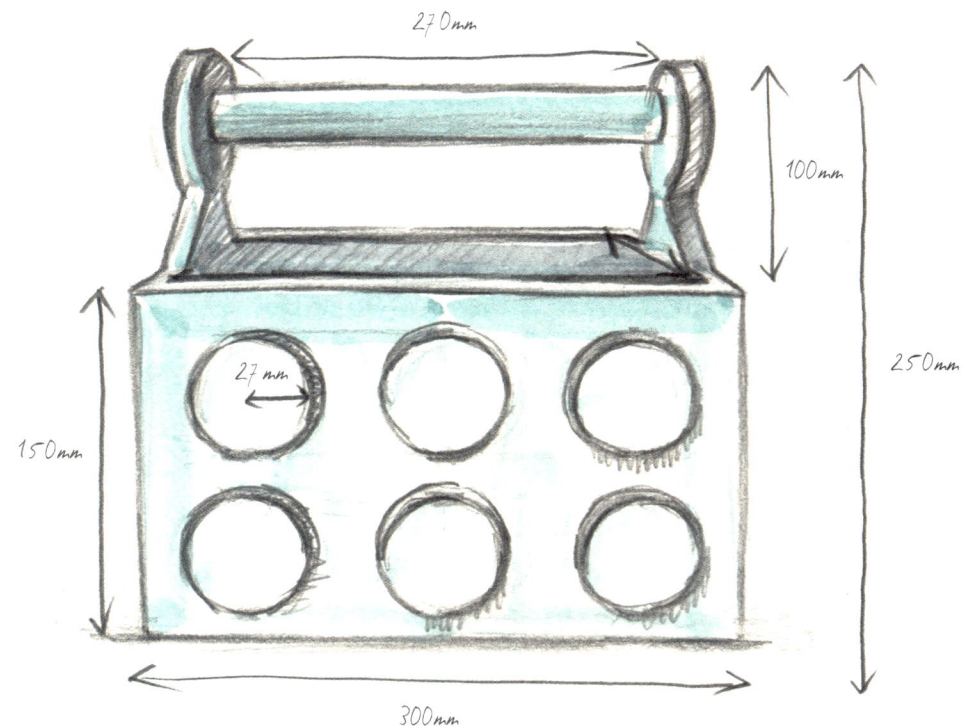

아이가 좋아하는 레고 블록 모양의 수납함이에요.

수납함 속에 레고를 담아 보관하기도 하고

여러 장난감을 담아서 이동하기도 한답니다.

【필요한 목재】

삼나무 15t
① 옆판 150*250 - 2개
② 앞, 뒤판 150*300 - 2개
③ 아래판 150*270 - 1개
④ 목봉 270(지름 30) - 1개
⑤ 원형 100*600 - 2개

옆판

1 옆판을 준비한다. 옆판 상단의 정 가운데를 표시해준다.

2 옆판의 상단에서 아래로 100mm 지점을 양쪽에 표시한다.

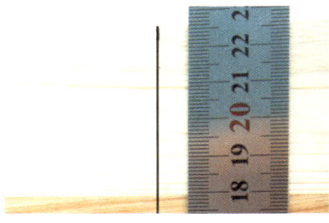

3 앞에서 표시한 지점을 이어 선을 그어 준다.

4 1에서 표시한 곳에 맞춰 손잡이가 달릴 곳을 표시한다.

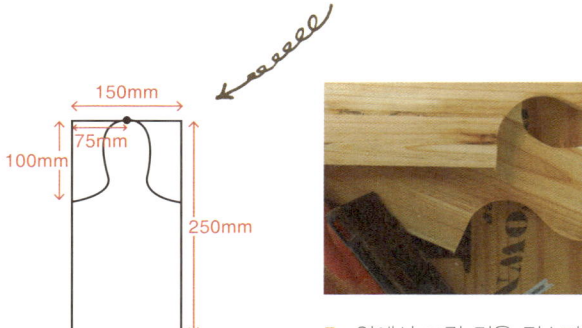

5 앞에서 그린 것을 직소기로 잘라 내고 하나 더 똑같이 만든다.

6 사포를 이용해 잘라낸 부분을 다듬어준다.

7 가운데 부분에 이중 비트길을 내준다.

8 드릴을 준비하고 홀쏘 비트를 장착한다.

9 원형판을 준비하고 홀쏘를 이용해 원을 따낸다.

10 총 12개의 원을 딴다.

원의 구멍에 메꾸미를 채워 넣어요. 단, 반드시 한쪽은 매끈하게 처리해주세요.

11 아래판을 준비한다. 아래판의 옆면에 본드를 바른다.

12 타카를 이용해 아래판에 옆판을 고정한다.

13 옆판과 아래판의 앞면에 본드를 바른다.

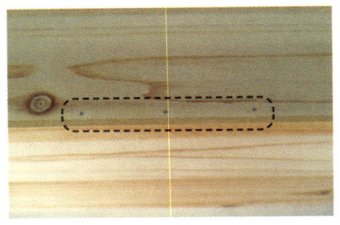

14 앞판을 준비하고 **13**에 붙여준다. 붙인 후에는 타카로 고정하고 뒤 판도 이와 똑같이 붙인다.

TIP 앞판과 뒤판을 붙일 때는 아랫부분 부터 맞춘다.

15 옆판과 앞. 뒤판의 수평을 맞춰 잡 는다.

16 옆판이 연결된 곳도 타카로 고정 한다.

17 타카 자국이 남은 곳은 메꾸미를 사용해 자국을 메워준다.

18 목봉을 준비한다. 목봉의 가운데 에 이중 비트길을 내준다.

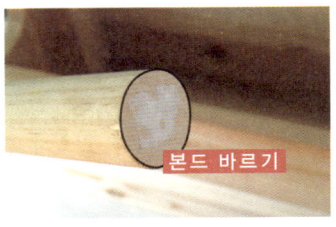

본드 바르기

19 이중 비트길을 낸 곳에 본드를 바 른다.

20 **7**에서 낸 옆판의 이중 비트길에 목봉을 넣고 나사못으로 연결해 준다.

21 핸들 수납함의 기본 틀이 완성되 었다.

22 메꾸미가 굳은 **10**의 원은 사포를 이용해 다듬어준다.

23 원의 뒷면에 본드를 바른다.

24 6개의 원을 앞판에 붙이고 뒷면도
같은 방법으로 붙인다.

25 수납함에 페인트를 칠한다. 페인트
가 마르면 600방 사포로 다듬어주
고 다시 한 번 페인트를 칠한다.

COLOR TIP 더클래시 엔리치 S-3050-B

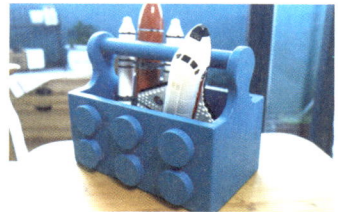

26 레고 블록 모양의 귀여운 핸들 수
납함 완성.

블록
수납함

난이도 ★★★☆☆

가격대 40,000원 내외

📍 유독의 TIP!

블록 시리즈 2탄! 사이즈가 커서 거실에 두
고 수납장으로 써도 좋아요. 노트북이나 책
을 올리고 간이 테이블로 쓸 수도 있답니다.

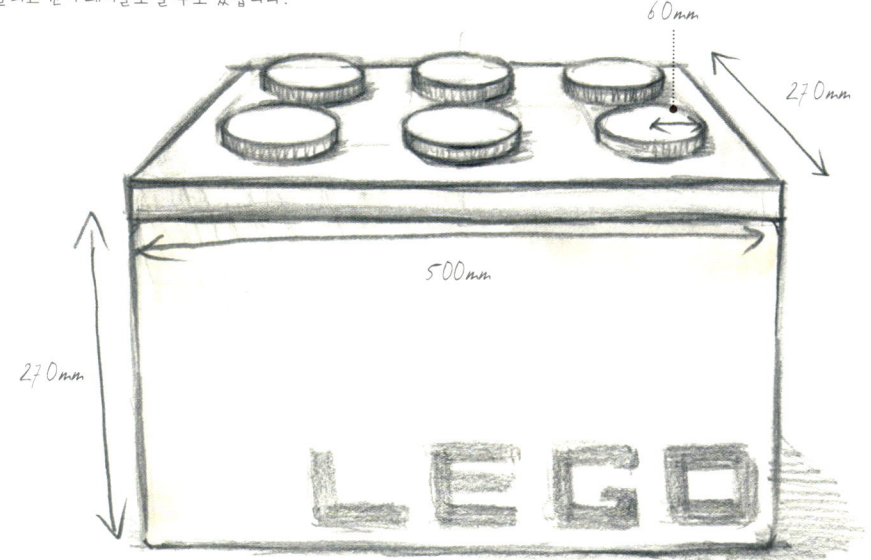

아들을 위해 무언가를 만들땐 자동으로 블록이 머릿속에 떠오르곤 해요.

장난감 혹은 블랭킷이나 여러 쿠션을

넉넉히 넣을 수 있는 블록 수납함을 만들어 보았어요.

【필요한 목재】

삼나무 15t

① 앞, 뒤판 270*500 - 2개
② 옆판 270*270 - 2개
③ 아래판 270*470 - 1개
④ 뚜껑 300*500 - 1개
⑤ 뚜껑 지지대 50*260 - 2개
⑥ 원형판(지름 120) - 6개

원을 자르기가 어렵다면 원형 절단 서비스를
받으세요.

✏ 기본 수납함 만들기

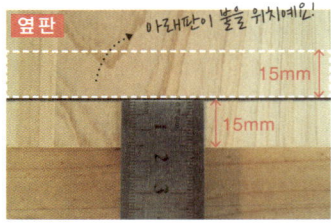

1 옆판을 준비한다. 옆판의 한 모서
리에 목재 두께 15mm 지점을 표
시하고 선을 그어준다.

2 1에서 그린 선의 안쪽에 맞춰 아
래판을 고정한다. 남은 옆판 하나
도 똑같이 연결한다.

3 아래판의 양쪽에 옆판을 고정한 후
앞판도 15mm 안으로 고정한다.

4 뒤판도 앞판과 똑같이 연결한다.

5 뚜껑 지지대를 준비하고 샌딩한다.

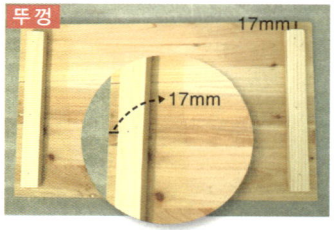

6 뚜껑의 뒷면을 놓고 양 끝에서
17mm 정도의 공간에 뚜껑 지지
대를 연결한다.

● 블록 수납함 꾸미기

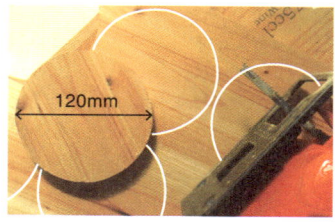

7 여유 목재에서 지름 120mm의 원을 직소기로 따낸다.

8 원을 곱게 샌딩해준다.

9 수납함과 뚜껑에 원하는 색상을 페인트로 칠한다.

COLOR TIP 더클래시 엔리치 S-0330-N(화이트). S6010-B10G(그레이)

10 원형 목재에도 페인트를 칠한다.

11 뚜껑에 원을 배치해본다.

다른 컬러로 조합해도 *good!*

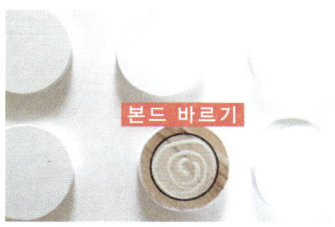

본드 바르기

12 원은 뒷면에 목공본드를 바른 다음 뚜껑에 붙인다.

시트지가 없다면 손글씨도 좋아요.

13 시트지에 원하는 글자를 그려서 수납함에 붙인다.

14 만들기도 쉽고 귀여운 블록 수납함 완성.

이동식
소꿉놀이

난이도 ★★★☆☆

가격대 20,000원 내외

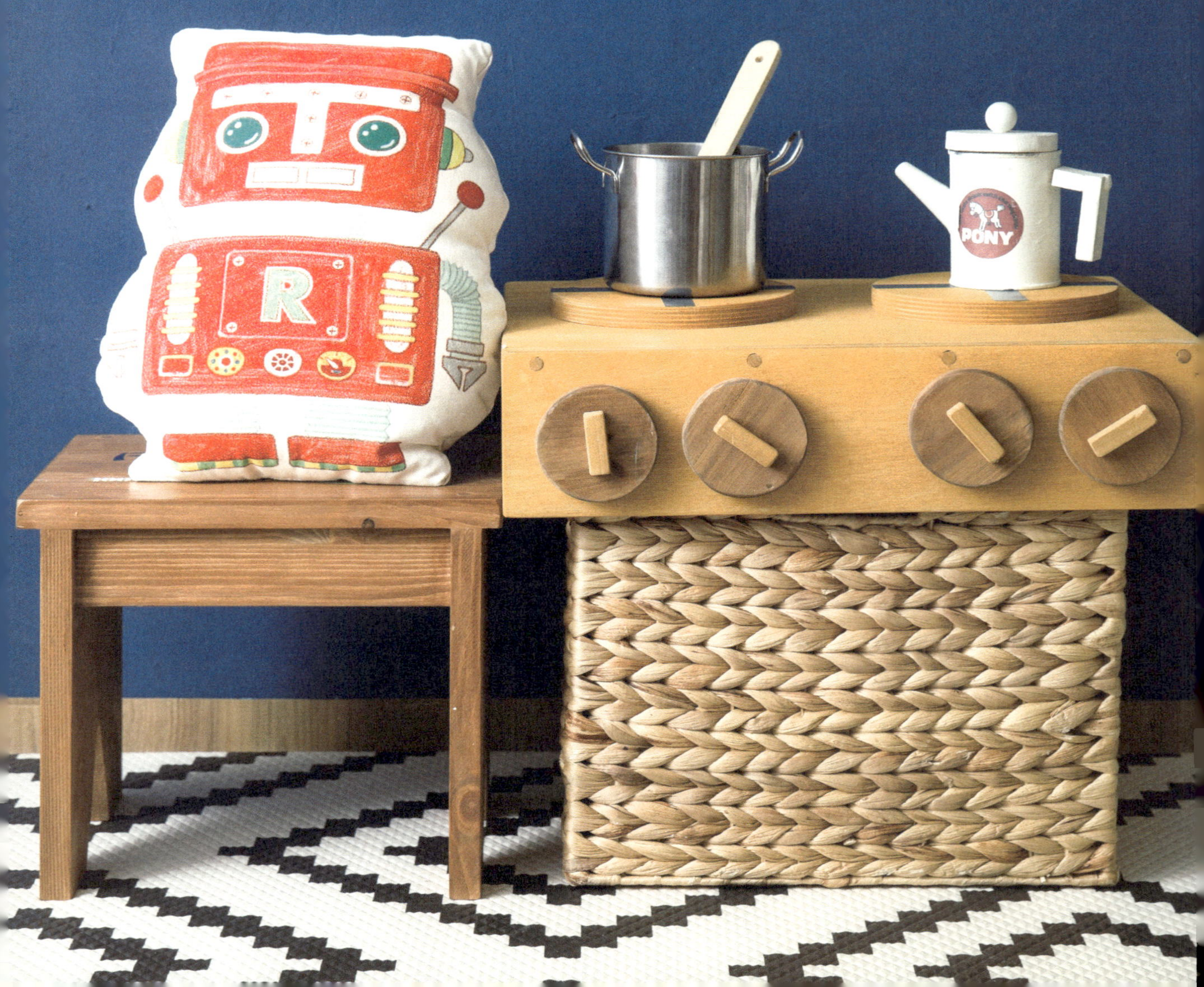

materials

고무 와셔 4개

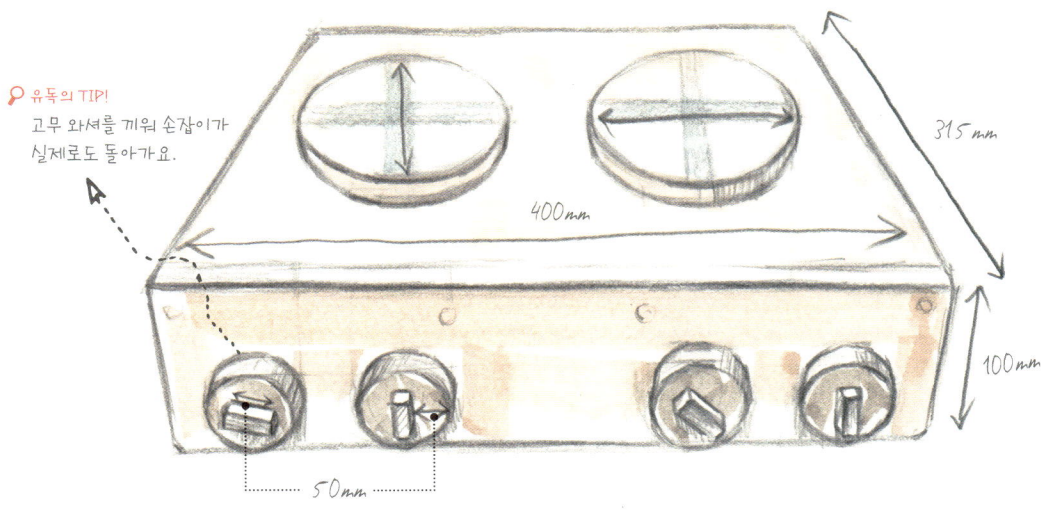

유독의 TIP!
고무 와셔를 끼워 손잡이가
실제로도 돌아가요.

400mm

315mm

100mm

50mm

어느 테이블에나 올려 놀 수 있는 이동식 소꿉놀이 장난감이에요.

아이가 좋아하는 키즈 싱크대를 구입하고 싶지만 공간이 협소해서 망설여질 때는

이동식 소꿉놀이가 좋지 않을까요?

【 필요한 목재 】

자작합판 15t
① 가스레인지 위판 300*400 − 1개
② 가스레인지 앞판 100*400 − 1개
③ 원형판 (지름 150) − 2개

삼나무 15t
① 원형판(지름 60) − 4개
② 손잡이 10*50 − 4개

✏ 기본 가스레인지 틀 만들기

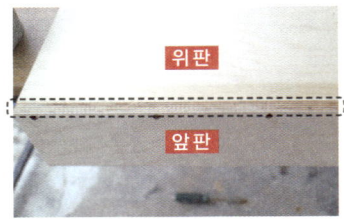

1 가스레인지 앞판을 준비한다. 앞판에 사진과 같이 이중 비트길을 4개 낸다.

2 가스레인지 위판과 앞판을 목공본드와 나사못으로 연결한다.

3 이중 비트길에 본드를 바르고 목다보를 끼운다.

● 가스레인지 부속품 만들기

4 목다보가 굳는 동안 지름 60mm의 원 4개를 잘라내고 샌딩한다. 지름 150mm의 원 2개도 똑같이 자르고 샌딩해준다.

5 자투리 목재로 손잡이 4개를 자르고 샌딩한다.

6 3의 본드가 굳고 나면 톱으로 목다보를 잘라내고 전체적으로 샌딩한다.

7 스테인을 칠하고 건조시킨 다음 샌딩하고 다시 한 번 더 칠해준다.

COLOR TIP 아이생각 수성스테인 소나무색(우), 로얄자단(좌)

8 지름 60mm의 원에 나사못을 끼우고 고무 와셔를 끼운다.

9 나사못을 이용해서 8의 원을 앞판에 연결한다. 이때 나사못을 너무 꽉 조이지 않아야 손잡이가 잘 돌아간다.

10 5에서 자른 손잡이의 뒷면에 목공본드를 바르고 원의 중앙에(나사못 위로) 붙인다.

11 지름 150mm의 원의 뒷면에 본드를 바르고 가스레인지 위판에 붙여준다.

12 테이블에 올려 사용하는 이동식 소꿉놀이 완성.

KIDS ROOM 5

자동차 왜건

난이도 ★★★★☆

가격대 40,000원 내외

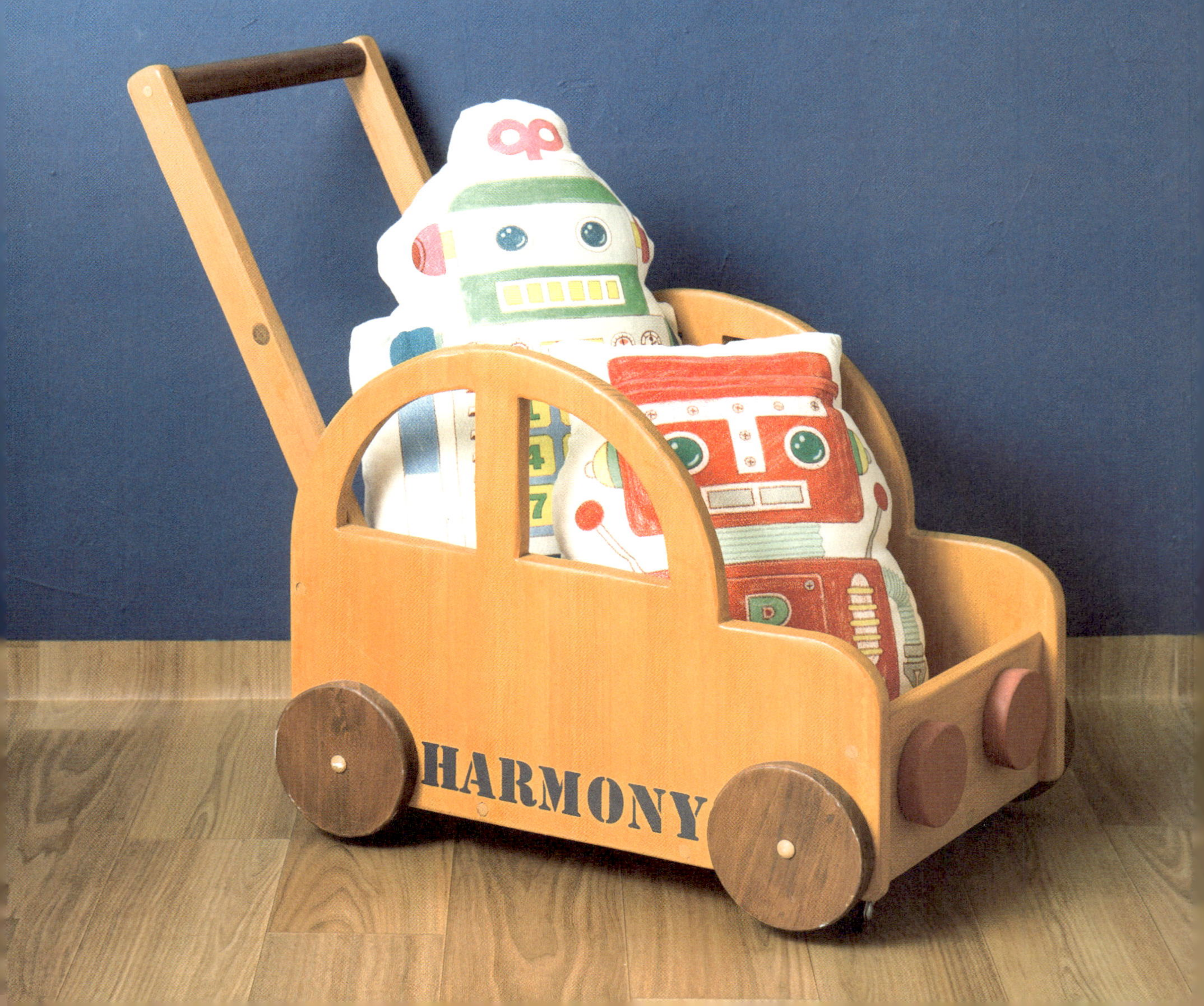

materials

360도 회전 바퀴 4개

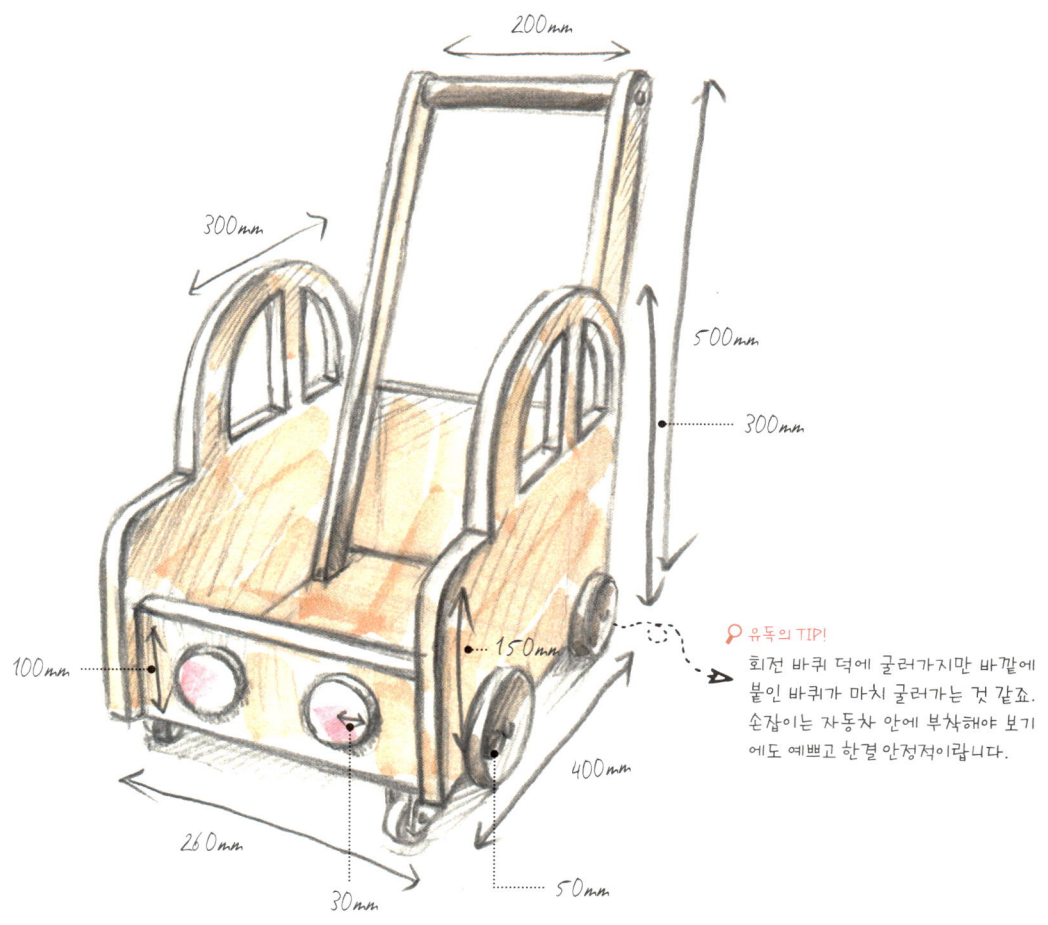

유독의 TIP!

회전 바퀴 덕에 굴러가지만 바깥에 붙인 바퀴가 마치 굴러가는 것 같죠. 손잡이는 자동차 안에 부착해야 보기에도 예쁘고 한결 안정적이랍니다.

아이 전용 걸음마 도우미로 좋은 자동차 왜건이에요.

손잡이를 잡고 붕붕, 신나고 재미있는

일석삼조 장난감이지요.

【필요한 목재】

뉴송 15t
① 앞판 100*230 – 1개
② 옆판 300*400 – 2개
③ 아래판 230*360 – 1개
④ 뒤판 150*230 – 1개
⑤ 손잡이 30*500 – 2개
⑥ 손잡이 목봉(20t) 200 – 1개
⑦ 바퀴(지름 100) – 4개
⑧ 헤드라이트(지름 60) – 2개

✿ 자동차 문 만들기

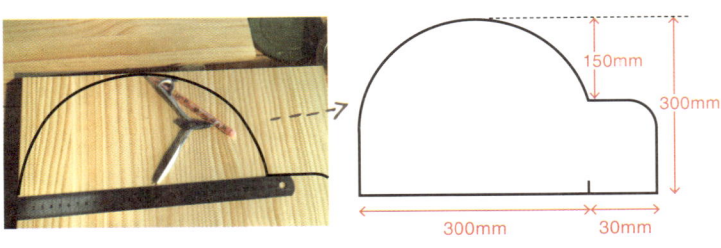

1 옆판을 준비하고 그림과 같이 모양을 그린다.

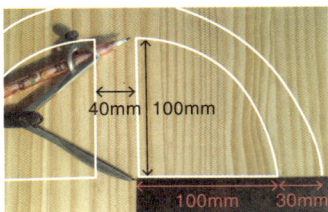

2 반원의 안쪽에 30mm의 창틀을 남기고 사진과 같이 부채꼴 모양의 창문을 그려준다.

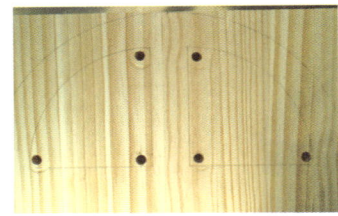

3 앞에서 그린 창문에 드릴로 구멍을 내서 직소기 날이 들어갈 길을 만든다.

4 직소기를 이용해 사진과 같이 창을 잘라준다.

5 자른 부분은 샌딩한다. 이와 똑같이 옆판을 하나 더 만든다.

부속품 만들기

6 바퀴가 되는 지름 100mm의 원 4개와 라이트가 되는 지름 60mm의 원 2개를 그려준다.

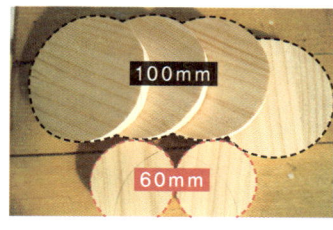

7 원을 자르고 샌딩한다.

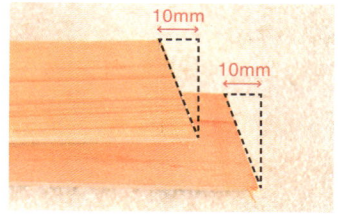

8 손잡이 목재를 준비한다. 목재의 한쪽 끝에서 10mm 지점을 표시하고 사진과 같이 사선으로 잘라낸다.

9 반대편은 둥글게 다듬는다.

10 목재가 연결되는 부분마다 이중 비트길을 낸다.

11 목재에 각각 원하는 색상의 스테인을 칠한다.

COLOR TIP 아이생각 수성스테인 소나무색(좌), 로얄자단(우)

자동차 왜건 조립하기

12 스테인이 마르면 아래판에 앞판과 뒤판을 연결한다.

13 자동차 문으로 만든 옆판을 연결한다. 옆판을 연결할 때는 아래판에 먼저 붙인 다음 뒤판에 연결한다. 옆판을 붙이면 왜건의 기본 틀이 완성된다.

14 9의 손잡이에 이중 비트길을 낸다.

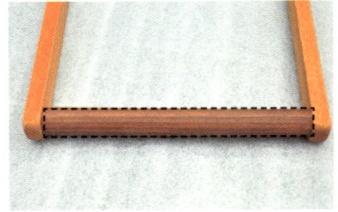

15 손잡이 2개에 목봉을 연결한다.

16 목봉까지 연결된 ㄷ자 모양의 손잡이를 자동차 왜건 안쪽에 넣고 목공본드와 나사못으로 연결한다.

17 바깥으로 보이는 이중 비트길에 본드를 바르고 목다보를 끼운다.

18 본드가 굳을 동안 자동차의 아랫면에 360도 회전 바퀴가 달릴 곳 4군데를 미리 표시하고 드릴로 길을 내준다.

19 나사못을 이용해 바퀴를 고정시켜 준다. 본드가 다 굳으면 톱으로 목다보를 잘라낸다.

20 지름 100mm의 원을 옆판에 붙인다. 하단의 회전 바퀴보다 10mm 정도 높은 위치에 붙이고 버섯 다보로 이중 비트길을 막는다.

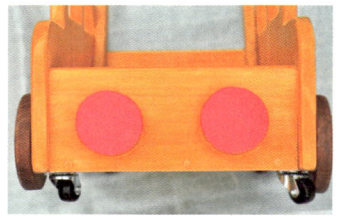

21 자동차의 헤드라이트가 될 원은 목공본드를 발라 앞판에 붙인다.

22 뛰뛰빵빵, 자동차 왜건 완성.

KIDS ROOM 6

접이식 구름
테이블

난이도 ★★☆☆☆

가격대 15,000원 내외

R E A D Y

materials

접이식 상다리 4개

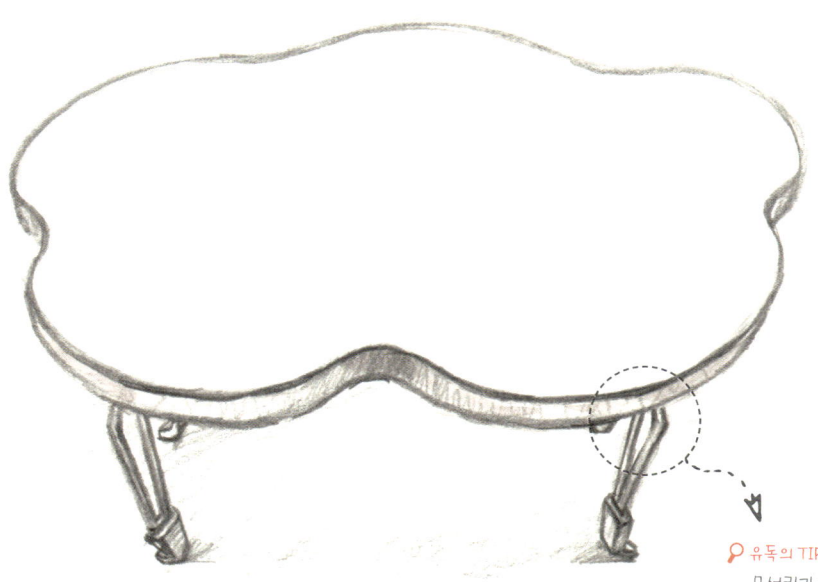

🔍 유독의 TIP!
모서리가 둥글어서 안전해요. 페인트칠
과 사포질을 여러 번 반복해주세요. 다
리는 약 2.5cm 정도라 어린아이가 앉기
적절하고 하단은 고무마개로 마감이
되어 미끄러움도 방지해준답니다.

새하얀 구름을 닮은 접이식 테이블이에요.

아이가 거실에서 놀 때나 간식을 먹을 때

사용하기 좋은 테이블이랍니다.

【 필요한 목재 】

뉴송 18t
① 500*600 - 1개

1 목재를 준비한다. 동그란 모양의 뚜껑을 이용해 구름 모양을 그려 준다.

2 선을 따라 직소기로 잘라낸다.

3 구름 모양으로 잘려진 테이블 상판의 모습.

4 직소기의 날로 인해 날카로운 절단면은 샌딩기로 부드럽게 다듬어 준다.

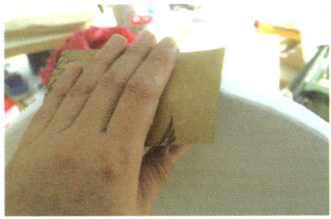

5 모서리는 600방 사포로 사포질해서 둥글게 다듬어준다.

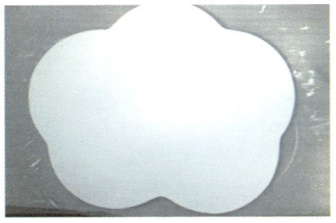

6 페인트를 칠하고 600방 사포로 다듬고 다시 한 번 칠하는 과정을 반복한다.

COLOR TIP 더클래시 엔리치 0502Y

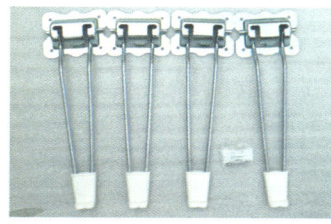

7 접이식 상다리를 4개 준비한다.

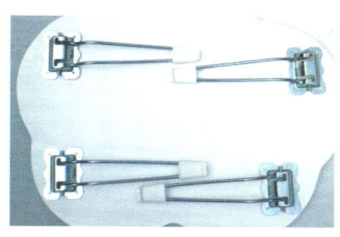

8 테이블 상판을 뒤집고 접이식 상다리를 배치한다.

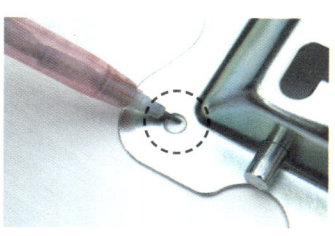

9 접이식 상다리를 테이블에 놓고 나사못이 연결될 부분을 표시한다.

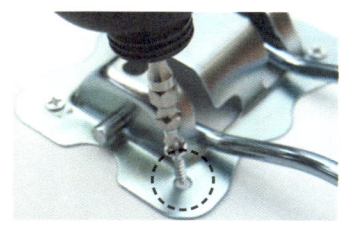

10 앞에서 표시한 부분에 이중 비트 길을 내고 나사못을 이용해 상다리를 고정한다.

11 바니시를 칠해 마감한다.

12 접이식 구름 테이블 완성.

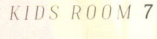

트레이
우드퍼즐

난이도 ★ ☆ ☆ ☆

가격대 5,000원 내외

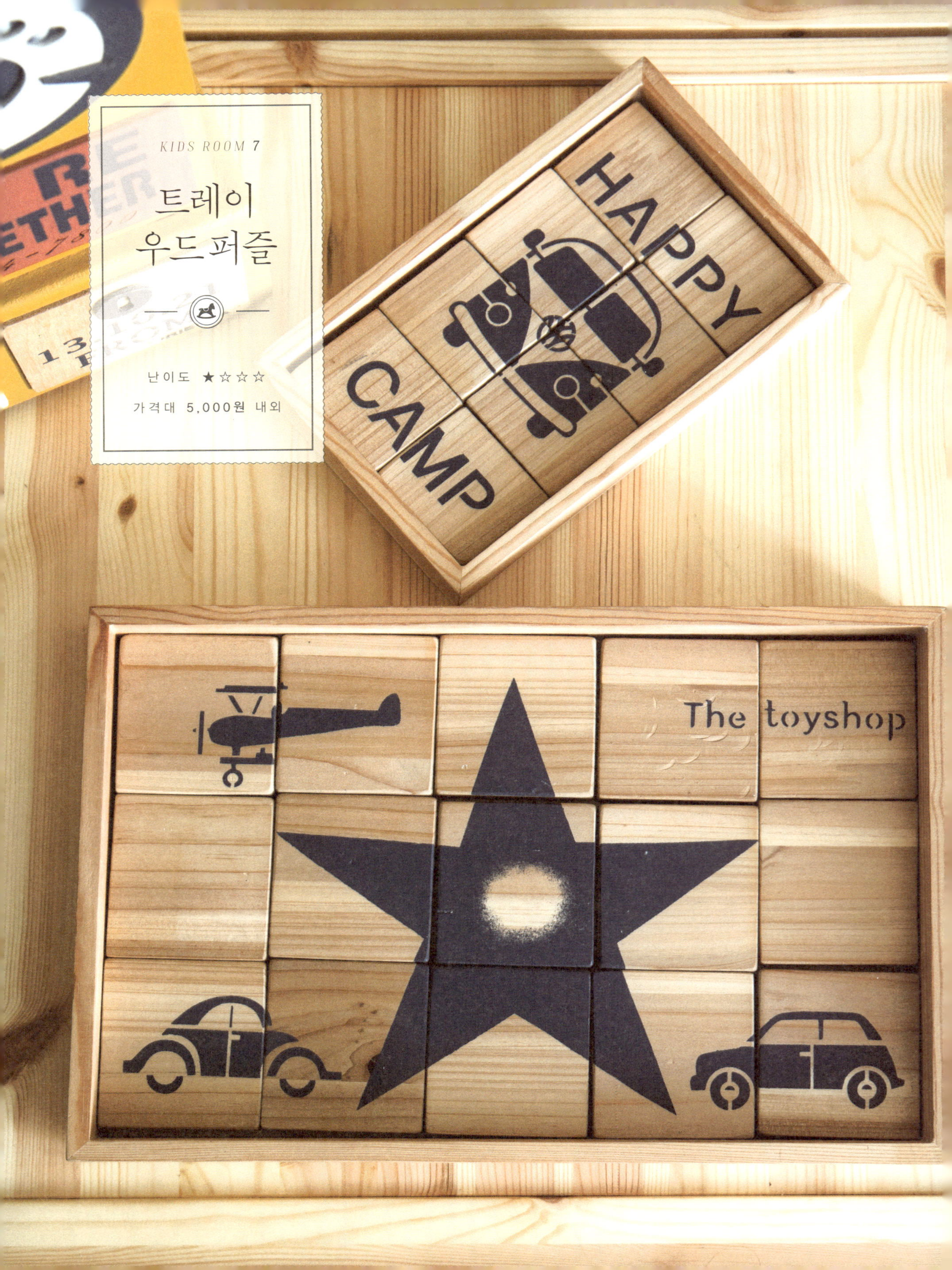

materials

사용하지 않는 트레이

🔍 유독의 TIP!

아이가 사용할 장난감이기 때문에 모서리 부
분 사포질을 꼼꼼히 한 다음 물걸레로 깨끗
이 닦아주세요. 퍼즐은 아이가 자유롭게 그
림을 그릴 수 있도록 도와주는 것도 좋아요.

사용하지 않는 트레이를 활용해 만든 우드 퍼즐이에요.

아이가 글자 공부를 해야 할 시기라면

한글 퍼즐을 만들어도 좋겠지요.

【 필요한 목재 】

심나무 12t
① 220*360 – 1개

1 사용하지 않는 트레이를 꺼내 깨끗
하게 닦아준다. 참고로 퍼즐과 어
울리는 우드 트레이가 좋다.

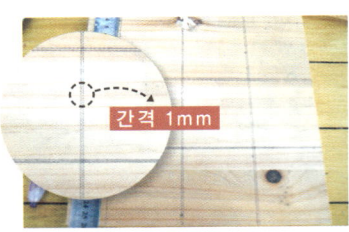

간격 1mm

2 자투리 목재로 트레이에 들어갈
퍼즐의 크기를 정하고, 개수에 맞
게 그려준다. 각 퍼즐 사이마다
1mm의 간격을 주도록 한다.

3 목재를 잘라 퍼즐을 만든다.

4 사포를 이용해 퍼즐의 모서리를
부드럽게 다듬는다.

5 퍼즐 하나하나를 깨끗이 닦은 다
음 트레이에 넣어준다.

6 스텐실을 이용해 아이가 좋아하는
그림을 찍어준다.

7 친환경 오일을 퍼즐에 칠한다.

8 오일을 바르고 깨끗이 닦은 퍼즐을 트레이에 넣어준다.

9 사용하지 않는 트레이 우드 퍼즐 완성.

TIP 완성된 그림을 먼저 보여주고 퍼즐을 쏟아 아이가 직접 맞출 수 있도록 해주자.

냉장고와
전자레인지

난이도 ★★★☆☆

가격대

냉장고 50,000원 내외
전자레인지 30,000원 내외

materials

냉장고 – 투명 매트, 비오, 이지 경첩, 손잡이, 빠찌링
전자레인지 – 투명 매트, 비오, 손잡이, 버섯 다보 9개, 경첩 2개

300mm
268mm

SMEG

500mm

180mm

250mm   240mm

235 mm

230mm

300mm

유독의 TIP!
냉장고에 높은 다리를
달지, 바퀴를 달지 고
민하다 작은 자투리 목
재를 붙여주었더니 있
는 듯 없는 듯, 실제 냉
장고 다리와 비슷한 모
양이 되었답니다.

유독의 TIP!
레버는 실제 전자레인
지처럼 돌릴 수 있도록
하기 위해 고무 와셔를
끼워 움직일 수 있도록
만들었어요.

작지만 필요한 건 다 들어가는

냉장고와 전자레인지 장난감이에요.

아이들의 눈높이에 맞는 안전한 장난감을 만들어주었어요.

【필요한 목재】

냉장고(삼나무 18t)
① 위, 아래판 250*300 − 2개
② 옆판 250*464 − 2개
③ 뒤판(자작합판 4t)
　　300*500 − 1개
④ 문 300*500 − 1개
⑤ 선반 240*264 − 1개
⑥ 다리 50*50 − 4개

− 야채칸(삼나무 18t)
① 앞, 뒤판 180*250 − 2개
② 옆판 180*204 − 2개
③ 아래판(자작합판 4t)
　　240*250 − 1개

전자레인지(삼나무 15t)
① 위, 아래판 220*300 − 2개
② 옆판 200*220 − 2개
③ 뒤판(미송합판 4.5t) 230*300 − 1개
④ 문 230*248 − 1개
⑤ 조절기 50*230 − 1개
⑥ 미니 원뿔 다리 − 4개

● 냉장고 만들기

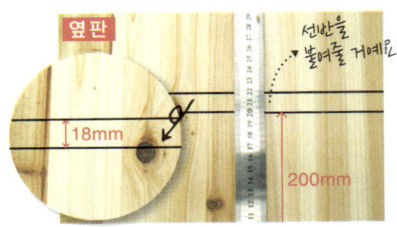

1 옆판을 준비한다. 옆판의 바닥에서부터 200mm 지점에 선을 긋고 그 위로 선반이 올려질 곳을 표시한다.

2 1에서 표시한 위치에 이중 비트길을 3개 정도 내준다.

3 선반을 옆판에 맞추어 나사못으로 고정한다.

4 위판과 아래판의 네 모서리에 사진과 같이 이중 비트길을 내준다.

5 옆판에 위판과 아래판을 연결한다.

6 이중 비트길에 본드를 바르고 목다보를 끼운다.

7 이제 뒤판(자작합판 4t)을 연결해 줄 차례. 냉장고의 뒤가 될 면에 목공본드를 바른다.

8 뒤판을 붙이고 타카로 고정한다.

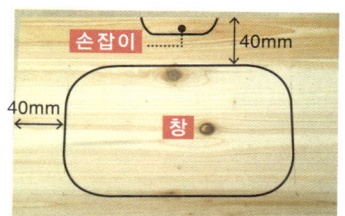

9 냉장고의 야채칸을 만든다. 앞판을 준비하고 창이 될 모서리가 둥근 사각형과 손잡이가 될 홈을 그려준다.

10 직소 날이 들어갈 구멍을 드릴로 뚫는다.

11 직소기로 창과 손잡이 부분을 따낸다.

12 야채칸의 앞판과 뒤판의 네 모서리에 사진과 같이 이중 비트길을 내준다.

13 앞판과 뒤판, 옆판을 연결한 야채칸의 모습.

14 아래판(자작합판 4t)도 타카로 연결한다.

15 완성된 야채칸이 냉장고 선반 아래에 잘 들어가는지 확인한다.

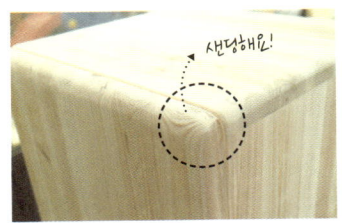

16 6의 목다보를 톱으로 잘라내고 냉장고 문 모서리를 둥글게 샌딩한다.

17 냉장고와 야채칸, 문, 다리에 페인트를 칠한다.

COLOR TIP 더클래시 엔리치 9000N

18 냉장고 다리용 목재를 준비하고 뒷면에 목공본드를 바른다.

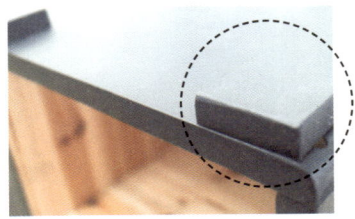

19 냉장고 아래판에 다리를 고정한다.

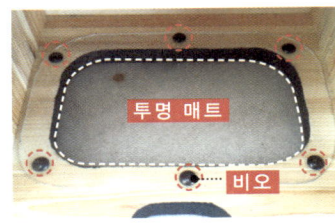

20 야채칸에 자른 투명 매트를 비오로 고정한다.

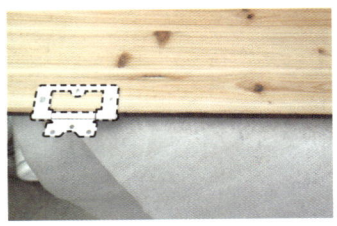

21 냉장고 문에 이지 경첩을 나사못으로 고정한다.

TIP 이지 경첩은 일반 경첩보다 다루기 쉬우며 주로 가벼운 문 등에 쓰인다.

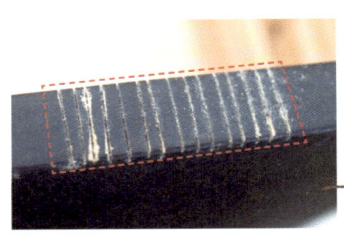

22 냉장고 옆판에 경첩이 달릴 부분을 표시하고, 파내기 쉽도록 5mm 깊이로 여러 번 톱질해준다.

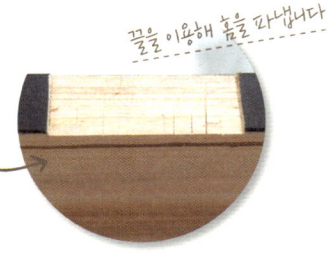

TIP 끌은 목재에 홈이나 구멍을 팔 때 쓰는 공구.

23 홈을 판 곳에 경첩을 연결해 냉장고에 문을 달아준다.

24 냉장고와 냉장고 문의 같은 위치에 빠찌링을 나사못으로 고정한다.

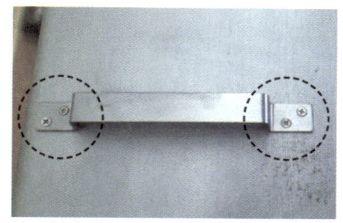

25 문 바깥쪽에 손잡이를 나사못으로 고정한다.

26 냉장고를 꾸밀 알파벳 이니셜을 준비하고 페인트를 칠해준다.

TIP 작은 모형 등을 페인트로 칠할 때는 락카 스프레이를 이용하면 편리하다. 모형을 종이 박스에 넣고 바람을 등진 상태로 락카를 뿌린다.

27 이니셜을 붙일 곳에 마스킹테이프로 먼저 수평을 잡은 뒤 위에 본드로 이니셜을 고정한다.

28 야채칸이 있는 소꿉놀이 냉장고 완성.

◉ 전자레인지 만들기

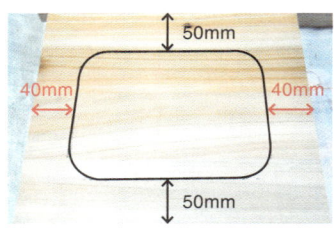

29 상하 50mm, 좌우 40mm 지점을 표시하고 모서리가 둥근 직사각형을 그린다.

30 드릴을 이용해 구멍을 내고 직소기로 잘라낸다.

31 잘라낸 단면의 모서리는 사포를 이용해 부드럽게 다듬는다.

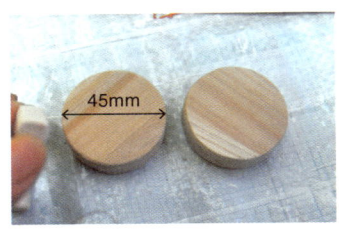

32 29에서 잘라내고 목재에서 스위치용 원 2개와 기타 부속품을 자른 다음 사포질을 해준다.

33 위판과 아래판에 이중 비트길을 내준다.

34 옆판과 위판을 연결한다.

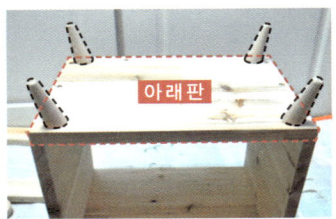

35 아래판도 연결하고, 아래판의 각 모서리에 다리를 고정해준다.

36 뒤판은 타카로 연결하고 메꿈이르 못 자국을 메워준다.

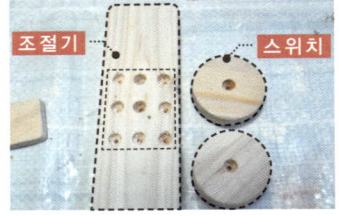

37 조절기 목재를 준비하고 이중 비트를 이용해 중앙에 9개의 구멍을 낸다. 스위치에도 길을 낸다.

38 모든 목재에 페인트를 칠한다. 전체적으로 화이트 크림톤의 페인트를 칠하되 스위치에는 다른 컬러를 칠해준다.
COLOR TIP 더클래시 엔리치 S0505-Y

39 버섯 다보를 준비하고 사진과 같이 알파벳 레터링을 한다.

40 조절기의 구멍에 본드를 바르고 버섯 다보를 끼운다.

41 전자레인지의 오른쪽에 조절기를 목공본드로 붙인다.

42 스위치를 조절기 하단에 나사못으로 고정한다.

43 그 위로 지름과 같은 길이의 레버를 붙여준다.

44 문의 뒤편에 자른 투명 매트를 비오로 고정한다.

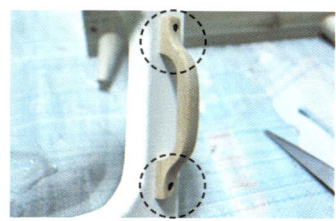

45 문의 오른쪽에 손잡이를 연결한다.

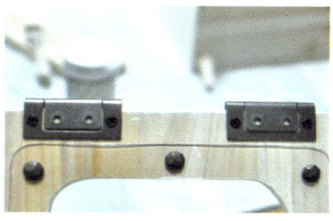

46 경첩 또한 문에 연결한다.

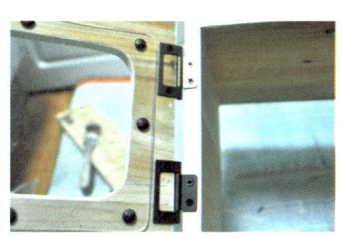

47 경첩을 전자레인지에 연결한다.

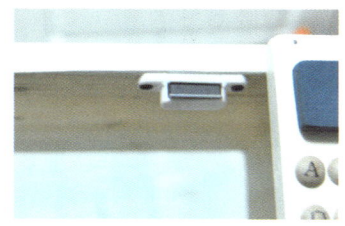

48 전자레인지와 문의 같은 위치에 빠찌링을 연결해준다.

59 엄마표 장난감 전자레인지 완성.

벙커 침대

난이도 ★★★★★

가격대 400,000원 내외

"HELLO"

materials

버섯 다보 10개, 삼면 입체 브래킷 2개, 꺽쇠 2개

유독의 TIP!

초등학교 저학년 아이(약 110cm)까지 사용할 수 있는 사이즈랍니다. 수면용이 아닌 놀이용인 만큼 2층 난간의 간격과 높이를 신경 썼고 바닥도 튼튼하게 만들었어요. 난간의 간격이 너무 넓거나 높이가 애매하면 아차 하는 순간에 아이가 떨어질 수도 있겠더라구요.

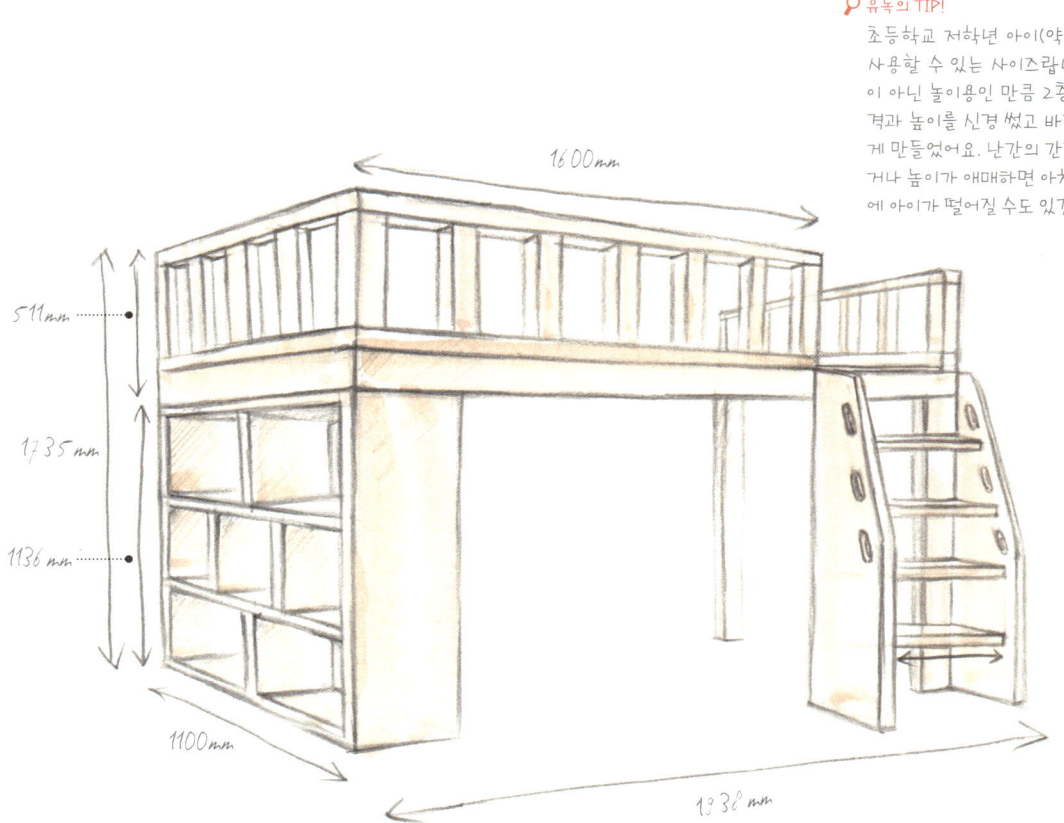

1600mm

511mm

1735mm

1136mm

1100mm

1938mm

아이가 2층에서 놀아도 다칠 걱정 없는 벙커 침대예요.

기성품으로 나오는 벙커 침대는 사이즈나 안전성 등의 문제가 신경 쓰이죠?

그래서 엄마들의 걱정을 싹 날려 줄 놀이용 벙커 침대를 만들어 보았어요.

【 필 요 한 목 재 】

뉴송 18t

– 책장
① 위, 아래판 300*1100 – 2개
② 옆판 300*1100 – 2개
③ 중간 선반 300*1064 – 2개
④ 칸막이 300*314 – 3개
⑤ 칸막이(하단) 300*400 – 1개

– 침대
① 침대 다리(스프러스 판재 38*89)
　 1600 – 2개, 1100 – 2개
② 침대 바닥 455*1022 – 4개
③ 침대 바닥 틀
　 – 바깥 틀(스프러스 판재 38*89)
　 1100 – 2개, 1824 – 2개
　 – 안쪽 틀(스프러스 60각재)
　 1024 – 5개, 381 – 10개
④ 침대 난간(뉴송 45각재)
　 421 – 17개, 1600 – 2개, 1100 – 2개,
　 1055 – 2개

– 사다리
① 옆판 300*1100 – 2개
② 디딤판 1 290*370 – 1개
③ 디딤판 2 230*370 – 1개
④ 디딤판 3 190*370 – 1개
⑤ 디딤판 4 150*370 – 1개
⑥ 사다리 고정 지지대 80*370 – 1개

✎ 책장 만들기

1 위판과 아래판, 중간 선반에 칸막이가 들어갈 곳을 미리 표시하고 이중 비트길을 내준다.

2 칸막이에 본드를 바르고 위판에 세워서 붙인다.

3 중간 선반을 선에 맞춰 세운 후 나사못으로 고정한다.

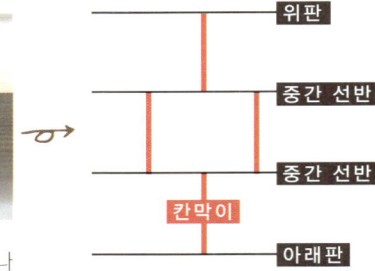

4 중간 선반에 칸막이를 연결할 때 다른 층의 칸막이를 미리 끼워 사용하면 작업이 수월하다.

5 앞과 같은 방법으로 상단 1개, 중간 2개, 하단 1개의 칸막이를 미리 놓아 본다.

6 칸막이가 연결된 중간 선반을 고정해주고 위판과 아래판, 옆판도 연결한다.

7 옆판을 나사못으로 연결하고 목다보를 끼운다.

목다보가 굵으면 톱으로 잘라내고, 바니시를 칠해 마무리해주세요.

8 나머지 나사못도 구멍에 본드를 바르고 목다보를 끼운다.

9 총 7개의 칸이 있는 책장 완성.

책장은 침대 1층에 세워 주세요!

● 침대 만들기

바닥 틀 – 바깥 틀

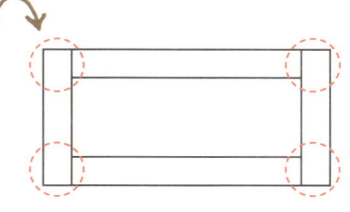

바닥 틀 – 안쪽 틀

10 침대 바닥 틀 중 바깥 틀을 준비한다. 바깥 틀이 서로 만나는 모서리 부분에 각각 4개의 이중 비트길을 내준다.

11 안쪽 틀이 서로 만나는 부분에도 이중 비트길을 내준다.

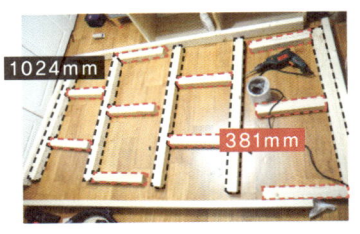

1024mm

381mm

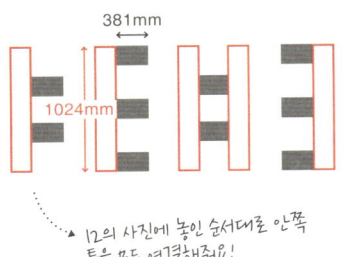

381mm

1024mm

12의 사진에 놓인 순서대로 안쪽
틀을 모두 연결해줘요!

12 사진과 같이 안쪽 틀을 모두 연결
해 총 4개의 안쪽 틀을 만든다.

안쪽 틀 위에는
침대 바닥용 목재를 올려요.

13 안쪽 틀을 바깥 틀에 연결한다.

침대 바닥

14 침대 바닥 목재를 준비한다. 목재
를 안쪽 틀 위에 한 장씩 올리고
틀어지지 않았는지 확인한다.

심연 입체 브래킷

1600mm

1100mm

15 다리 목재를 준비한다. 1600mm,
1100mm의 목재를 ㄱ자로 연결
하고 사이에 삼면 입체 브래킷을
고정해 총 2개의 다리를 만든다.

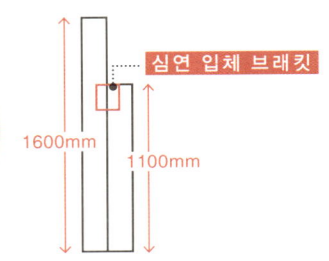

16 다리 안쪽은 꺾쇠를 이용해 한 번
더 단단히 고정한다.

17 침대 난간을 배열해보고 카드를
이용해 수평을 맞춘 후 본드를 바
르고 클램프로 고정한다.

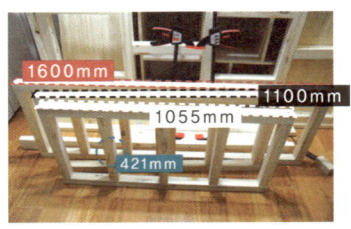

1600mm

1100mm

1055mm

421mm

18 사진은 17에서 배열한 대로 조립
한 상태. 1055mm(421mm-5
개), 1100mm(421mm-5개),
1600mm(421mm-7개)의 난간
용 목재 총 3개를 만든다.

19 완성된 난간의 아랫부분에 이중 비트길을 낸다.

20 침대가 놓일 공간의 한쪽에 책장을 놓는다.

21 반대편에는 16의 침대 다리 2개를 세워 준다.

22 삼면 입체 브래킷 위로 14에서 완성한 침대의 바닥을 올려 주고 나사못으로 고정한다.

23 난간을 바깥 틀 위에 연결한다.

24 밖으로 보이는 이중 비트길은 버섯 다보를 이용해 막아준다.

25 폴리우레탄 바니시로 마감하고 사포질을 한 후 한번 더 칠해준다.

26 안전 난간이 있는 2층 침대 완성.

● 사다리 만들기(라디에타파인 18t)

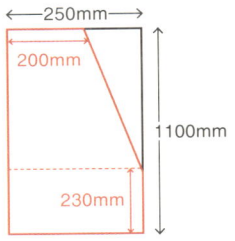

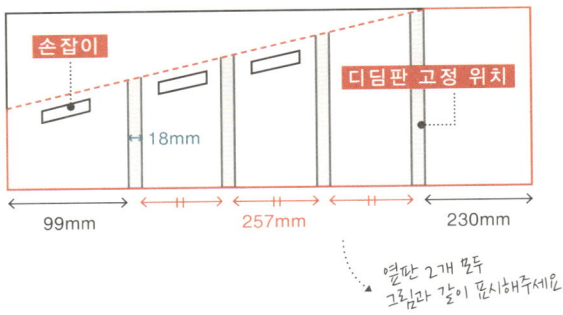

27 옆판을 준비한다. 옆판 상단 200mm 지점을 표시하고 하단에서 230mm 위의 지점까지 사선을 그어준다.

옆판 2개 모두 그림과 같이 표시해주세요.

28 디딤판 사이에 사다리의 손잡이가 될 곳도 표시한다. 손잡이는 위에서부터 3개, 양측 모두 총 6군데를 표시해준다.

29 표시한 손잡이는 사진과 같이 보링비트로 구멍을 2개 정도 낸다.

30 구멍 사이는 직소기로 잘라낸다. 손으로 잡을 부분이므로 모서리는 꼭 둥글게 파야 한다.

31 27에서 표시한 부분도 사선으로 잘라낸다.

32 앞에서 잘라낸 손잡이와 측면을 부드럽게 샌딩한다.

33 디딤판의 앞부분도 샌딩한다.

아이의 발이 닿는 곳이나 부드럽게 샌딩!

34 디딤판이 고정될 옆판에 이중 비트길을 내준다.

35 디딤판을 나사못으로 하나씩 고정해 준다.

사다리 고정 지지대

36 이층 침대에 사다리를 연결할 지지대를 준비하고 가장 상단에 연결한다.

37 옆판 1개를 연결한 사다리를 뒤집어준다.

38 나머지 옆판 하나도 나사못으로 고정해준다.

39 2층 침대에 사다리 지지대를 놓고 나사못으로 고정해준다.

사다리라
2층 침대 연결.

40 오르락 내리락. 침대 사다리 완성.

41 1층 책장, 2층 침대 그리고 사다리가 있는 벙커 침대 완성.

5

홈 인테리어
: 욕실과 주방

BATHROOM
& KITCHEN

낡은 집의 묘미는 다시 싹 고칠 수 있다는 데 있죠. 제 손이 거치지 않은 것이 하나도 없긴 하지만 그중에서도 특히 애착이 가는 주방과 욕실의 인테리어 시공 방법을 공개합니다. 특히 욕실은 일반 가정집에서 잘 볼 수 없는 스타일이라 제 마음에 쏙 드는데요. 주방은 싱크대를, 욕실은 벽 페인팅과 세면대 수납장 등에 저만의 노하우가 담겨 있어요.

인더스트리얼
욕실 만들기

이전 집에서 셀프 인테리어를 하면서도 가장 애를 먹었던 공간이 욕실이었어요.

욕실 전용 페인트, 일반 집의 벽에 바르는 내부용 페인트, 비바람에 잘 견디는 외부용 페인트까지도

사용해봤지만 습식 욕실에서는 페인트를 칠하는 일이 쉽지가 않았답니다.

이사하고 나서도 만나게 된 낡은 욕실, 이곳을 인더스트리얼 스타일로 바꾸고 싶다는 생각으로

과감하게 시멘트데코 제품을 사용했고 그 결과 지금의 욕실이 탄생했답니다.

게다가 세면대를 사용할 수 없는 공간에

직접 수도관을 설치하고 세면대 수납장도 만들었어요.

마지막으로 거울에 원목 프레임을 씌워 시중에 판매하는 거울 못지않게 예쁘고

선반 역할까지 톡톡히 하도록 만들었어요.

하나하나 제 손으로 직접 만든 인더스트리얼 무드의 욕실이에요.

industrial   bath room

① 인더스트리얼 스타일로 벽 시공하기

【 준비물 】

퍼티, 덤프록
시멘트데코(벽면용)
수성클리어, 타일,
타일 접착제, 타일 커터기,
뿔헤라, 고무헤라, 줄눈재

1 낡은 욕실의 타일 벽면에 부착된
   거울과 액세서리를 모두 떼어낸다.

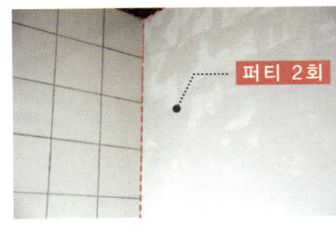

퍼티 2회

2 타일 벽을 깨끗이 닦아내고 건조
   시킨 후 퍼티로 타일 위를 덮는 작
   업을 총 2회 정도 한다.

TIP 퍼티는 벽 사이 틈이나 구멍, 균열 등
   을 메우는 데 사용하며 고무헤라로
   얇게 발라준다. 한 번 바르고 난 후 마
   를 때까지 하루 정도 기다린 다음 한
   번 더 칠하도록 한다.

3 퍼티가 완전히 마른 후 거친 표면
   을 사포로 다듬어준다.

TIP 가루가 날리므로 사포 작업 시 마스
   크 착용은 필수.

4 퍼티를 바른 곳 위로 덤프록 페인
   트를 붓과 롤러로 발라준다.

TIP 덤프록은 방수와 곰팡이 방지 기능을
   가진 페인트.

5 천장에도 덤프록을 바른다.

6 덤프록이 완전히 마를 때까지 하
   루 정도 기다린다.

7 벽에 바를 시멘트데코를 준비한
   다. 시멘트데코는 충분히 잘 섞은
   다음 사용한다.

고무헤라

8 퍼티 판에 잘 섞인 시멘트데코를
   덜어내고 고무헤라를 준비한다.

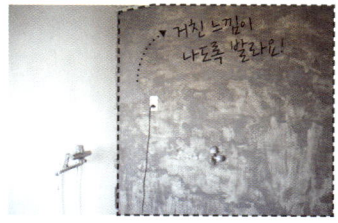

9 고무헤라를 이용해 벽에 시멘트데코를 최대한 얇게 펴바른다.

10 시멘트데코가 완전히 마르기까지 하루 정도 기다린 다음 앞과 같은 방법으로 한 번 더 시멘트데코를 바른다.

11 다시 시멘트데코가 마르기까지 기다린다. 시멘트데코를 두 번 칠하는 과정을 거치면 벽의 톤이 제법 균일해진다.

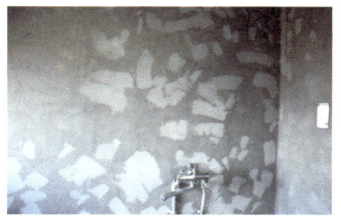

12 인더스트리얼 스타일을 살리기 위해 색이 덜 칠해진 부분에 시멘트데코를 다시 칠해준다. 시멘트데코가 마르면 코팅제인 수성클리어를 3번 정도 칠해준다.

TIP 퍼티와 덤프록, 시멘트데코는 모두 바르고 난 후 완전히 마르기까지 꼭 기다린 다음 작업한다.

13 천장은 블랙 색상의 외부용 페인트를 칠하고 몰딩 틈은 블랙 실리콘으로 마감한다.

COLOR TIP 더클래시 아토프리 9000-N

TIP 외부용 페인트는 비, 바람에 강해 야외 건물 등에 주로 쓰이는 페인트이므로 습식 욕실에 사용하기 좋다.

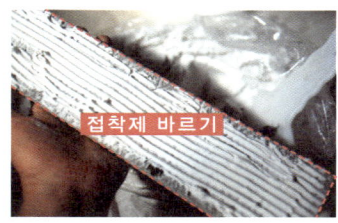

접착제 바르기

14 한쪽 벽에 포인트로 바를 타일을 준비한다. 타일 뒷면에 접착제를 바르는데 이때 접착제는 뿔헤라로 발라주면 편하다.

15 타일을 붙인 다음 잘 붙도록 고무망치로 타일을 두드려준다.

16 타일을 한 줄로 수평을 맞춰 붙이고 사진과 같이 엇갈린 모양으로 붙여 나간다.

17 타일을 붙이다 보면 자투리 공간이 생기는데 이 부분은 타일을 잘라 마감하도록 한다.

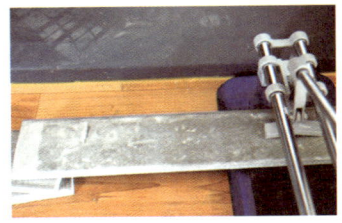

18 타일 커터기에 타일을 올리고 타일 조각을 이용해 높이를 맞춘다.

19 타일 커터기의 날을 아래에서 위로 올려가며 선을 긋는다.

20 날을 위로 향하게 한 후 손잡이를 아래로 누르고 타일을 자른다.

21 타일이 절단되었다.

22 자투리 공간에 절단한 타일을 붙여준다.

23 타일 사이사이에는 블랙 줄눈제를 바른다. 물때와 곰팡이가 잘 생기는 타일 사이를 줄눈제로 마감해 주면 벽이 한층 깔끔해진다. 줄눈제가 마르면 타일을 닦아준다.

24 인더스트리얼한 벽 시공 완성.

② 세면대 만들기

【 준 비 물 】

모던 Y형 다리 4개
무보링 경첩 4개
타일, 줄눈제
타일 접착제
뿔헤라
도기 세면대
폽업, 실리콘

【 필 요 한 목 재 】

세면대 수납장(스프러스 18t)
① 위판(스프러스 15t) 420*620 – 1개
② 위판 틀(스프러스 12t)
　 60*620 – 2개, 60*300 – 2개
③ 위판 지지대 50*564 – 2개
④ 아래판 400*600 – 1개
⑤ 옆판 400*564 – 2개
⑥ 뒤판(미송합판 6.5t) 582*600 – 1개
⑦ 칸막이(세로) 400*546 – 1개
⑧ 선반 273*380 – 2개

문 틀(스프러스 18t)
① 위, 아래판 268 – 2개
② 옆판 540 – 4개
45도 절단 문짝 만들기 가공 서비스를 받는다.
③ 안쪽 판(미송합판 6.5t) 170*440 – 2개

25 세면대 수납장의 옆판과 칸막이에 선반이 고정될 부분을 표시하고 이중 비트길을 내준다.

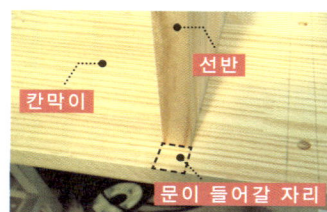

26 선반을 칸막이 뒤쪽에 수평을 맞추어 고정한다. 공간이 남는 부분은 문이 들어갈 자리.

27 선반이 고정된 칸막이 하단에 아래판을 연결하고 상단에는 위판 지지대를 연결한다.

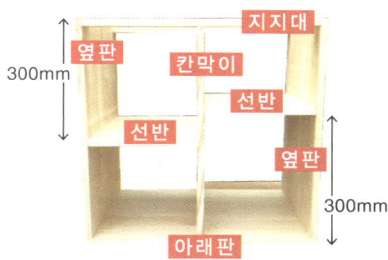

28 옆판도 양옆에 연결한다.

29 뒤에 목공본드를 바르고 뒤판을 올린 후 타카로 고정한다.

30 이중 비트길에 본드를 바르고 목다보를 끼운 다음 다보톱으로 잘라낸다.

31 위판도 지지대 위에 올리고 나사 못으로 고정한다. 세면대 수납장의 기본 틀이 갖춰졌다.

32 세면대 수납장 안쪽에 스테인을 2회 칠해준다.

33 수납장을 뒤집어 다리 높이를 조절할 수 있는 모던 Y형 다리를 각 모서리에 달아준다.

34 수납장을 다시 뒤집고 위판에 목공본드와 타카를 이용해 타일을 올릴 틀을 사진과 같이 붙인다.

35 위판에 세면대가 올라갈 곳을 표시하고 폽업이 들어갈 자리를 뚫는다. 세면대 수납장에는 원하는 컬러로 페인트를 칠해준다.

TIP 폽업은 세면대의 물 마개를 말한다.

36 세면대 위판 틀 안쪽에 타일 줄눈제를 뿔헤라로 발라준다.

37 폽업 주변에 여유를 두고 타일을 올려준다. 타일을 절단해야 하는 경우에는 타일 커터기를 이용한다.

38 줄눈제를 준비하고. 줄눈제에 물을 조금씩 섞어가며 치약 농도 정도로 개어준다.

39 타일과 타일, 타일과 틀 사이에 줄눈제를 바르고 마를 때까지 기다린다.

40 폽업 구멍에 맞추어 세면대를 올린다.

41 폽업 하단에 있는 링을 순서대로 빼낸다.

42 세면대에 폽업을 끼우고 폽업 하단에서 빼낸 링을 차례로 끼워 고정한다. 제일 마지막 링은 렌치를 이용해 꽉 조여준다.

43 폽업의 하단에 호스를 연결하고 케이블 타이로 조여준다.
TIP 기존 세면대에 설치할 경우에는 호스를 하수도관에 연결한다.

44 문 틀 위판과 아래판을 준비하고 양 끝에 이중 비트길을 내준다.

45 45도 절단을 받은 문 틀은 클램프로 잡고 타카로 임시 고정한 후 나사못으로 단단히 연결한다. 위판, 아래판, 옆판 모두 연결해준다.

46 목재가 만난 부분은 메꿈이로 메워준다.

47 똑같은 방법으로 문 2개를 만든다.

48 문 틀 프레임 뒤쪽에 목공본드를 바른 후 안쪽 판을 붙인다.

49 완성된 문에 페인트를 칠한다.
COLOR TIP 더클래시 엔리치 S-9000N

50 문의 안쪽에 무보링 경첩을 연결한다.

51 무보링 경첩의 다른 한쪽은 수납장 안쪽에 연결한다.

52 문에 손잡이를 달아준다.

53 세면대와 세면대 수납장 사이에 6mm 정도의 간격을 두고 마스킹 테이프를 붙인다.

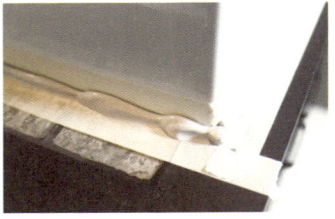

54 마스킹테이프 사이에 실리콘을 짜준다.

55 실리콘 헤라를 이용해 실리콘을 깔끔히 정리해준다.

56 실리콘 작업이 끝나면 바로 마스킹테이프를 떼어낸다.

57 욕실 세면대 수납장 완성.

③ 원목 프레임 거울 만들기

【 준비물 】

기존 욕실 거울
(439*592*6), 버섯 다보 8개,
고리 2개

【 필요한 목재 】

뉴송 24t
① 위, 아래판 100*580 – 4개
② 옆판 100*475 – 2개

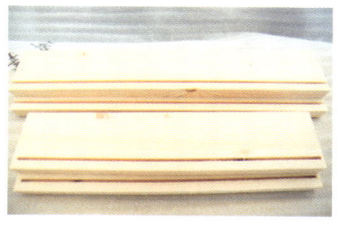

58 프레임이 될 목재는 거울 사이즈에 맞추어 홈 파기 가공 서비스를 받는다.

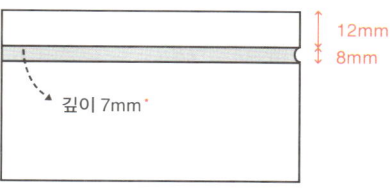

12mm
8mm
깊이 7mm

• 깊이를 더 깊게 팔 경우 거울이 흔들릴 수 있다.

59 목재에 스테인을 2회 칠한다.

60 옆판 양끝에 이중 비트길을 내어 놓는다.

61 위, 아래판 목재의 홈에 거울을 끼워준다.

62 옆판도 끼워준다.

63 미리 낸 이중 비트길에 나사못을 넣어 프레임을 고정한다.

64 목공본드를 바르고 버섯 다보를 끼워 이중 비트길을 막는다.

65 거울의 모서리에 마스킹테이프를 붙이고 프레임에 바니시를 2~3회 칠한다.

66 뒷면 상단에 고리 자리를 표시하고 드릴로 길을 낸다.

67 긴 나사못을 이용해 고리를 단단히 고정한다.

68 욕실 벽에 거울을 붙인다. 원목 프레임 거울 완성.

2

내추럴 원목
주방 만들기

이 집의 주방은 욕실과 마찬가지로 낡은 공간이었어요.

기존에 있던 싱크대도 너무 오래된 것이어서 공간에 딱 맞는 싱크대를 저렴한 금액으로

직접 만들어보았답니다. 게다가 세탁실도 따로 없어 세탁기를 주방에 놓을 수밖에 없었어요.

그래서 세탁기를 시작으로 개수대가 있는 싱크대와 보조 조리대, 가스레인지대가

일렬로 놓여 있는 일자형 주방을 만들었어요.

좁은 공간이라 상부장은 넣지 않는 대신 싱크대 맞은 편에 훅걸이를 달아 건 바구니 가방에

주방 용품을 보관하고 있답니다. 또 싱크대 벽면에는 포인트가 될 육각 모자이크 타일을 붙여주었지요.

전체적으로 따뜻한 원목 느낌이 좋은 주방이랍니다.

① 원목 싱크대 만들기

1-1 개수대 만들기

【 준 비 물 】

삼각 철물 4개 , 싱크볼.
배수구, Y자 연결구, 꺽쇠

【 필요한 목재 】

개수대
① 위판(스프러스 24t) 600*1200 — 1개
② 상단 지지대(스프러스 18t)
   200*1162 — 2개
③ 다리(스프러스 19*89)
   880 — 8개
④ 다리 지지대(스프러스 45각재)
   1162 — 2개
⑤ 하부 선반(삼나무 15t)
   100*530 — 10개

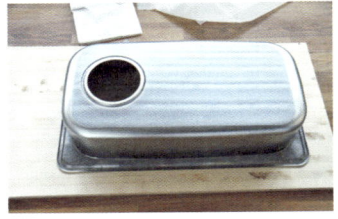

1 위판에 싱크볼을 사진과 같이 뒤
집어 올리고 테두리를 따라 선을
그려준다.

2 싱크볼이 개수대에 걸릴 부분의
길이를 측정한다.

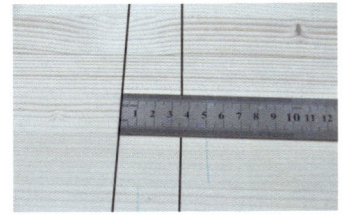

3 사이즈만큼 표시하고 선을 긋는다.

4 안쪽의 선을 따라 직소기로 목재
를 잘라내고 샌딩해준다.

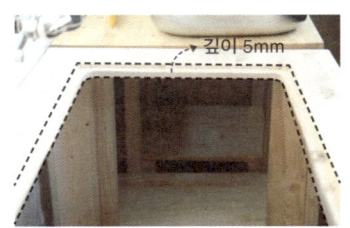

5 잘라낸 단면에서부터 바깥쪽의 선
까지 루터날로 깊이 5mm의 홈을
파준다.

6 목재에 우드피니시를 바르고 800방
사포로 다듬은 후 다시 한 번 피니
시를 바른다.

7 다리 4개를 준비하고 사진과 같이
이중 비트길을 낸다.

8 나머지 다리 4개와 ㄱ자로 연결한다.

상단 지지대

9 ㄱ자 다리 2개를 놓고 사이에 상단 지지대를 연결한다.

10 다리 지지대를 준비하고 양 끝에 사진과 같이 이중 비트길을 낸다.

다리 지지대

11 조립된 다리 하단에 다리 지지대를 연결한다.

12 9~11의 방법을 똑같이 반복해 다리를 하나 더 만들어주면 전체 다리가 완성된다.

13 ㄱ자 다리와 상단 지지대 사이에 삼각 철물을 나사못으로 연결한다. 상단 지지대의 위쪽에는 5~6개 정도의 꺽쇠도 나사못으로 연결한다.

14 나머지 다리의 상단 지지대 위쪽에도 5~6개 정도의 꺽쇠를 나사못으로 연결한다.

삼각철물+꺽쇠 연결한 다리

꺽쇠만 연결한 다리

15 꺽쇠만 연결한 14의 다리를 싱크대를 놓은 벽에 기대어 준다.

위판

16 삼각 철물을 연결한 다리도 세우고 그 위에 위판을 올려준다.

17 삼각 철물과 꺽쇠로 위판을 연결
한다.

18 폴리우레탄 바니시를 위판에 2~3회
정도 칠해 마감한다.

19 배수구는 상단을 분리해 준비한다.

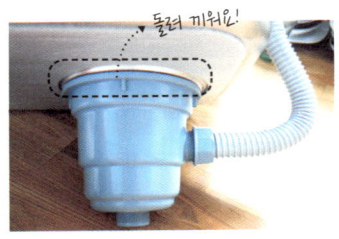

20 분리한 배수구의 상단은 싱크볼
위에, 나머지 배수구는 아래에 놓
는다. 아래의 배수구는 돌려 끼워
서 싱크볼에 고정시킨다.

21 배수구를 연결한 싱크볼은 위판에
넣어준다.

22 배수 호스에 세탁기용 Y자 연결구
를 끼우고 하수구에 연결한다.

23 하부 선반을 준비한다. 배수 호스
가 지나갈 자리는 남겨놓고 선반
을 다리 지지대 위에 한 장씩 연결
한다.

24 싱크대와 싱크볼의 경계에 마스킹
테이프를 붙여준다.

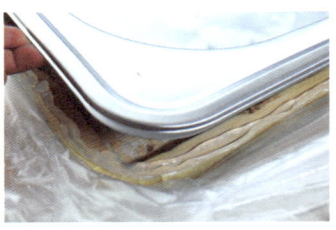

25 싱크볼을 들고 마스킹테이프를 붙
인 곳부터 실리콘을 바른다.

26 실리콘을 싱크볼 경계에 다 바르고 나면 싱크볼을 다시 내려 놓고 밖으로 새어 나온 실리콘은 휴지로 닦아낸다.

27 실리콘이 다 굳도록 하룻밤 정도 기다린 후 테이프를 뜯어낸다. 개수대 완성.

1·2 보조 조리대 만들기
(가스레인지대)

【 준비물 】

평철

【 필요한 목재 】

보조 조리대
① 위판(스프러스 24t) 600*600 – 1개
② 하부 선반(스프러스 18t)
  510*600 – 1개
③ 다리(스프러스 45각재) 880 – 4개
④ 다리 지지대(스프러스 45각재)
  600 – 2개

가스레인지대
① 위판(스프러스 24t) 600*600 – 1개
② 하부 선반(스프러스 18t)
  510*600 – 1개
③ 다리(스프러스 45각재) 600 – 2개
④ 다리 지지대(스프러스 45각재)
  680 – 4개

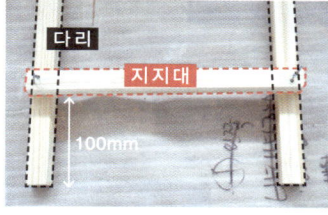

28 다리를 준비하고 다리 사이에 지지대를 연결한다. 나머지 다리도 똑같이 하나 더 만들어준다.

29 지지대 위에 하부 선반을 올리고 나사못으로 고정한다.

30 목재 연결용 철물을 이용해 위판을 다리에 연결한다.

31 앞에서 만든 개수대는 평철을 이용해 보조 조리대와 나사못으로 연결한다.

32 개수대와 보조 조리대의 위판이 만나는 곳에 약간의 틈을 두고 그 옆으로 마스킹테이프를 붙인다.

33 개수대와 보조 조리대 사이에 실리콘을 바른 후 마스킹테이프를 떼어내고 굳힌다.

34 벽과 개수대, 보조 조리대가 만나는 곳에도 약간의 틈을 두고 마스킹테이프를 붙인 다음 실리콘을 발라준다.

35 키친 크로스를 이용해 싱크대에 가림막을 달아준다.

36 가스레인지대도 보조 조리대와 같은 방법으로 만들고, 실리콘으로 보조 조리대 옆에 연결해준다. 보조 조리대 완성.

1-3 가스레인지 후드 만들기

【준비물】

가스레인지용 후드(하츠 H60),
칼블록, 꺽쇠 5개, 손잡이 경첩 2개, 후드 브래킷 2개

【필요한 목재】

자작합판 15t
① 위판 300*600 – 1개
② 옆판 300*300 – 2개
③ 문 295*566 – 1개
④ 지지대 30*570 – 2개

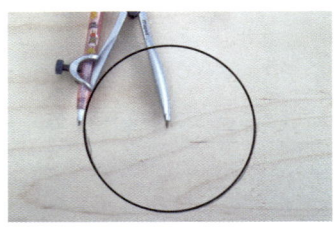

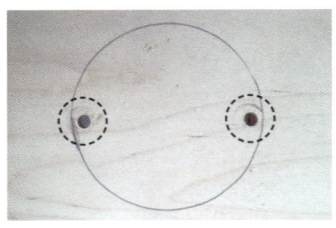

37 위판을 준비한다. 위판에 가스레인지 후드 배관 크기에 맞는 원을 그린다.

38 드릴을 이용해 직소기가 들어갈 구멍을 내준다.

39 직소기로 원을 따 낸다.

40 옆판과 지지대가 고정될 곳에 이중 비트길을 낸다.

41 위판 아래에 옆판 2개를 연결한다.

42 지지대 2개도 사진과 같이 연결해준다.

43 지지대는 안쪽에서 꺽쇠를 이용해 한 번 더 튼튼하게 연결한다. 그다음 목재를 전체적으로 샌딩해준다.

45 스테인을 먼저 바르고 바니시로 마감한다.

46 가스레인지 후드가 설치될 벽에 해머드릴로 구멍을 뚫는다.

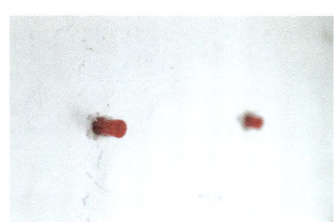

47 구멍에 칼블록을 넣고 튀어나온 부분은 커터 칼로 잘라낸다.

TIP 나사못을 벽에 바로 박기 어려울 때 구멍을 내고 칼블록을 삽입하여 칼블록 안에 나사못을 끼운다.

48 45의 가스레인지 후드장을 벽에 고정한다. 벽에 고정할 때는 꺽쇠를 준비한다.

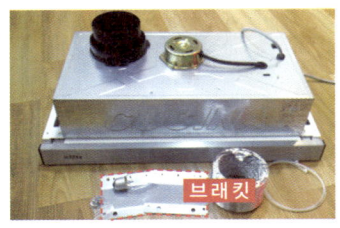

49 사용할 가스레인지 후드와 후드장을 연결할 브래킷을 준비한다.

50 연결할 브래킷의 넓은 면이 위로 향하도록 후드에 고정한다.

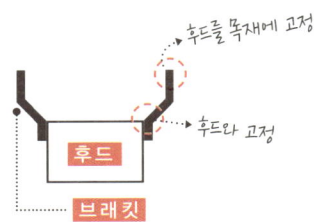

후드를 목재에 고정
후드와 고정
후드
브래킷

51 브래킷을 후드장에 연결해준다.

52 기존의 배관에 새로운 배관을 끼운다.

53 타이백으로 배관을 단단히 고정한 후 은박테이프로 감싼다.

54 후드 부분도 마찬가지로 배관을 고정하고 은박테이프로 감싼다.

문

55 후드장의 문도 샌딩한 다음 스테인을 바르고 바니시로 마감한다.

56 문의 상단에 경첩을 연결한다.

57 문의 중앙 하단에는 손잡이를 연결한다.

58 문과 틀 사이에 간격을 2mm 정도 준다. 신용카드 2장을 사이에 끼워서 측정하면 된다.

59 문의 상단에 연결한 경첩이 고정될 곳을 후드장에 표시한다.

60 드릴을 이용해 이중 비트길을 내준다.

61 나사못을 이용해 경첩을 고정시켜준다.

62 가스레인지 후드 완성.

② 육각 타일 시공하기

【 준비물 】

육각 모자이크 타일 화이트&블랙 타일
접착제(세라픽스)
줄눈제(홈멘트)
뿔헤라
타일 커터기
실리콘 장갑

63 타일 접착제를 준비한다. 뚜껑의
고리를 바깥으로 당겨 오픈한다.

64 뿔헤라로 타일 접착제를 바른다.
접착제는 타일을 붙일 곳 위에 약
2~3mm의 두께로 펴 바른다.

TIP 접착제는 한번에 많이 바르지 말고,
붙이고자 하는 타일 한 줄 혹은 원래
붙어 있는 타일 한 장 정도 등의 일정
한 양을 정하고 바른다.

65 육각 모자이크 타일을 차례차례
붙여준다. 타일을 붙이고 나서는
위로 목재를 대고 고무망치로 두
드려가며 수평을 잡아준다.

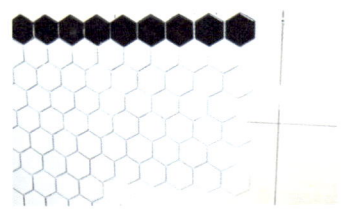

66 다시 타일 한 장의 넓이만큼 접착
제를 바르고 타일을 붙인다.

67 타일을 잘라서 붙여야 하는 부분
을 제외하고는 모두 붙인다.

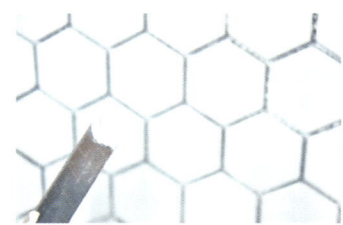

68 회색 줄눈제를 타일 사이에 고루
바른다. 줄눈을 타일과 같은 화이
트톤으로 하지 않기 때문에 지저
분해 보일 수 있으므로 타일 위로
넘치는 줄눈제는 칼등으로 제거해
준다.

69 앞의 방법을 반복해 원하는 만큼
타일을 붙인다.

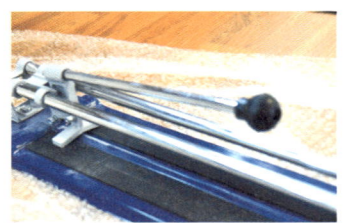

70 잘라서 쓸 타일이 있기 때문에 타
일 커터기를 준비한다.

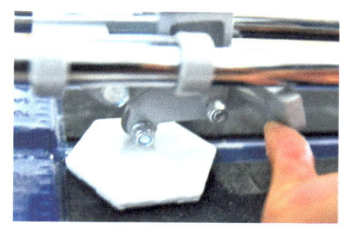

71 타일 커터기에 타일을 올리고 커터기의 날을 아래에서 위로 올려 선을 긋고 자를 부분을 표시한다.

72 날을 위로 향하게 한 후 손잡이를 아래로 눌러 타일을 자른다.

73 타일이 절단된 모습.

74 절단된 타일의 뒷면에 타일 접착제를 바른다.

75 자른 타일을 벽에 붙인다.

76 홈멘트 줄눈제를 준비한다.

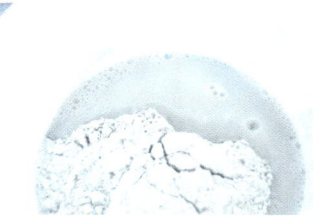

77 가루가 날리지 않게 조심해서 통에 부은 다음 물을 섞고 치약 농도 정도가 되도록 저어준다.

78 블랙 색상의 페인트를 넣어준다. 연한 그레이톤의 줄눈제를 만들기 위해서 하는 작업이다.

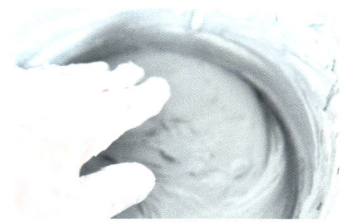

79 실리콘 장갑을 끼고 알갱이를 직접 손으로 부수며 줄눈제를 골고루 섞어준다.

TIP 줄눈제와 페인트를 고루 섞지 않을 경우 벽에 바른 줄눈이 마르면 색이 달라질 수 있으니 주의하자.

80 실리콘 장갑을 낀 채로 타일 위에 줄눈제를 마구 펴바른다.

81 깨끗한 물을 준비하고 스펀지에 물을 적셔준다.

82 스펀지로 타일에 묻은 줄눈제를 닦아낸다.

83 주방 육각 모자이크 타일 완성.

DIY 관련 추천 사이트

● 목공 관련 도구 및 소품을 구입할 때

홈앤톤즈 homentones.com
친환경 페인트 구입 사이트

나무꼴 www.namooggol.com
목재 구입 사이트

페인트인포 www.paintinfo.co.kr
인테리어 DIY에 필요한 각종 소품 구입 사이트

철자국 storefarm.naver.com/kwm8807
철재 맞춤 제작 사이트

● 예쁜 소품을 구입하고 싶을 때

라세레나몰 www.laserena.co.kr

데일리 컨츄리 www.dailycountry.com

상상후 www.sangsanghoo.com

이 책에서 벙커 침대가 가장 마음에 들어요. 아이용 벙커 침대를 구입하고 싶어 업체
에 문의했더니 무려 180만 원이라는 어마어마한 금액이 나와 깜짝 놀란 적이 있어요.
기성품 대신 믿기지 않을 만큼 저렴한 비용으로 처음부터 끝까지 직접 만든 유독 님,
정말 솜씨 좋고 멋진 엄마입니다. 그리고 모든 메인 작품 옆에 스케치를 넣은 기막힌
센스, 정말 한 땀 한 땀의 정신이 확 느껴져요. 그야말로 셀프 인테리어, 목공 DIY에
도전하고 싶게 만드는 매력 만점의 책입니다.

-글꽃송이(ID : bosong0317)

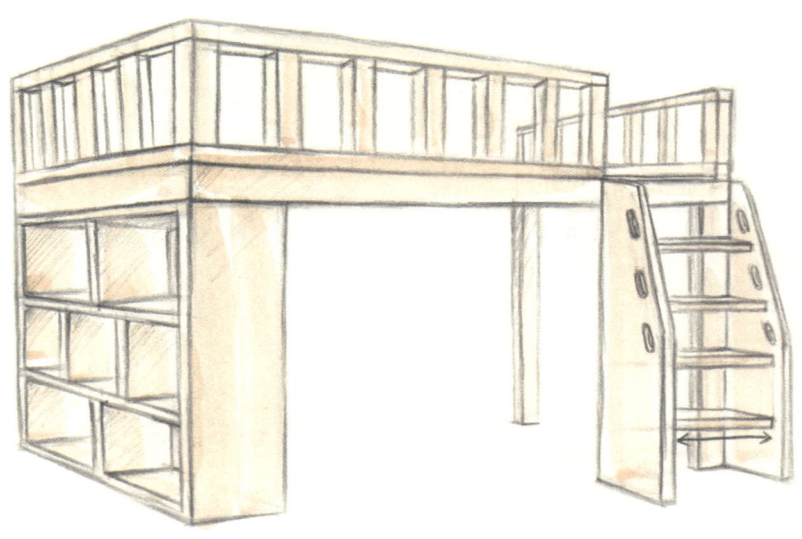

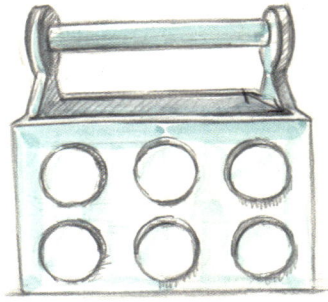

DIY에 관심은 있었지만 막상 도전하기에는 멀게 느껴졌는데 이 책을 읽으니 직접 해 봐야겠다는 의욕이 마구 생깁니다. 상세한 사진과 조리 있는 설명은 옆에서 선생님이 직접 알려주는 듯하네요. 아이 엄마인 저는 아이 방 소품 만들기가 정말 마음에 듭니다. 특히 레고 핸들 수납함과 블록 수납함은 아이들의 사랑을 듬뿍 받을 것 같아요!

－다이앤(ID：krudfo82)

손재주는 없지만 인테리어나 소품 만들기에 관심이 많은 분들에게 추천합니다. 신혼 집 셀프 인테리어에 관심 있고 유독 님의 실력을 부러워하던 저에게는 정말이지 딱 따라 하기 좋은 책입니다. 보기 편하게 구성되어 있어 더 좋아요.

－미나님(ID：mina.ckc)

홈앤톤즈
셀프페인팅 아카데미

HOME&TONES
All about Housing Color

홈앤톤즈와 함께하는 셀프페인팅 클래스

홈앤톤즈는 DIY 페인트의 모든 것을 경험할 수 있는 **체험형 서비스 공간**으로 컬러 컨설팅부터 아카데미까지 페인트로 할 수 있는 모든 것을 체험할 수 있는 공간이다. **홈앤톤즈 DIY아카데미는** 페인팅을 한번도 해보지 않은 **초보자도 들을 수 있는 기초 페인팅 수업**이며 인테리어에 활용할 수 있는 페인팅기법, 리폼페인팅 등을 배울 수 있는 **다양한 커리큘럼**이 짜여져 있다.
수업을 듣고 왠만한 가구는 리폼할 수 있으며, 손으로 직접 인테리어도 할 수 있다.

▶ DIY 원목페인팅

▶ 아트페인팅

▶ 벽지페인팅

Q 어디에서 배울 수 있나요?

A 홈앤톤즈 **대치본점**과 **부산 센텀시티점**에서 배울수 있으며, 기초페인팅을 배울수 있는 DIY원목페인팅, 다양한 특수페인트로 여러가지 기법을 체험해 보는 아트페인팅, 벽지와 문 페인팅의 커리큘럼이 짜여져 있다.

Q 신청방법은?

A **온라인 신청** : 홈앤톤즈 쇼핑몰(www.homentones.com)에 접속하신 후 ACADEMY 메뉴에서 원하시는 날짜의 클래스를 신청하신 후, 해당 날짜에 홈앤톤즈에 방문하세요.
오프라인 신청 : 매장에 방문하여 결제가능.
가격 : 약 1만원 ~ 2만원

대치본점

부산 센텀시티점

유독스토리의

탐나는 셀프 인테리어

초판 1쇄 인쇄 2017년 2월 20일
초판 1쇄 발행 2017년 2월 27일

지은이 하유라
펴낸이 이범상
펴낸곳 ㈜비전비엔피·이덴슬리벨

기획편집 이경원 박월 김승희 김다혜 강찬양 배윤주
디자인 김혜림 이미숙 김희연
사진 도트스튜디오 방문수
영상제작 어바웃더컷 남궁일
일러스트 김현경
마케팅 한상철 이준건
전자책 김성화 김희정
관리 이성호 이다정

주소 우) 04034 서울시 마포구 잔다리로7길 12 (서교동)
전화 02)338-2411 **팩스** 02)338-2413
홈페이지 www.visionbp.co.kr
이메일 visioncorea@naver.com
원고투고 editor@visionbp.co.kr

등록번호 제2009-000096호

ISBN 979-11-88053-00-1 (13590)

이 도서의 국립중앙도서관 출판시도서목록(CIP)은 서지정보유통지원시스템 홈페이지(http://seoji.nl.go.kr)와
국가자료공동목록시스템(http://www.nl.go.kr/kolisnet)에서 이용하실 수 있습니다.(CIP제어번호 : CIP2017002359)

| 일 상 을 빛 내 줄 이 덴 슬 리 벨 의 취 미 실 용 서 |

간단 안주의 황홀한 유혹
❶ 탐나는 술안주

술맛 아는 여자, 그래서 더욱 안주에 예민한 미각을 가진 저자가 소문난 술집보다 더 맛있는 안주 레시피를 공개한다.

강지수 지음 | 280쪽 | 23,800원 | DVD 포함

뷰티블로거 유진샹의 셀프네일
❷ 유진샹의 탐나는 네일아트

손이 예뻐지는 러블리 네일아트 67가지. 매일 1만 명 이상이 방문하는 네이버 파워 블로거 유진샹의 베스트 네일아트를 선별했다.

최유진 지음 | 228쪽 | 23,800원 | DVD 포함

'세계 라떼아트 챔피언십' 우승자!
❸ 하루나의 탐나는 라떼아트

라떼아트 초보자들을 위해 재료와 도구부터 손질 노하우는 물론 전문가의 테크닉까지 알차게 담아 구성했다.

무라야마 하루나 감수 | 116쪽 | 18,500원 | DVD 포함

파티의 여왕
❹ 변정수의 탐나는 하우스 파티

할로윈, 크리스마스, 생일 등 매년 5회 이상의 크고 작은 하우스파티를 여는 변정수. 그간 쌓은 파티 노하우를 한 권에 담았다.

변정수 지음 | 240쪽 | 23,800원 | DVD 포함

딸기쇼트케이크와 롤케이크&버터스펀지, 시폰케이크&비스퀴
❺ ❻ 탐나는 케이크 1 & 2

일본의 케이크 명장인 고지마 루미의 케이크 책. 케이크의 기본에서 응용까지의 정석을 제대로 담았다.

고지마 루미 지음 | 140쪽, 124쪽 | 20,500원 | DVD 포함

홈메이드 믹싱 칵테일 76가지
❼ 탐나는 칵테일

76가지 홈메이드 칵테일 레시피. 다이닝바를 운영해 온 두 명의 저자가 요리보다 쉬운 칵테일을 선별해 소개한다.

박주화·김기용 지음 | 192쪽 | 22,000원 | DVD 포함

요리하는 한의사의 오장 해독 주스와 약차 56가지
❽ 신동진의 탐나는 해독 주스

밥상닥터 신동진의 오장 해독 주스와 약차 56가지. 책에 있는 레시피대로 각 장기 해독에 맞는 주스를 만들어보자.

신동진 지음 | 212쪽 | 23,800원 | DVD 포함

집밥 고민이 없어지는 밑반찬, 국·찌개, 계절 메뉴 92가지
❾ 김민지의 탐나는 집반찬

사계절 반찬, 임금님 수랏상에 오른 궁중 반찬, 두고두고 먹는 저장 반찬 등 초보도 쉽게 따라 할 수 있는 레시피를 담았다.

김민지 지음 | 244쪽 | 25,000원 | DVD 포함

자연주의 셰프 샘킴의 쉽고 빠르게 따라하는 홈메이드 브런치 레시피
샘킴의 맛있는 브런치

자연주의 셰프 샘킴의 홈메이드 브런치 레시피. 대한민국 스타 셰프인 그가 소개하는 건강한 브런치를 엄선해 담았다.

샘킴 지음 | 228쪽 | 19,800원